시골집의 기적

디자이너 오미숙 作

출판사 포북

이야기를 시작하며

50여 채 시골집의 기적

지난 2013년, 서천집을 고친 이야기를 담은 책을 내고, 방송에도 수차례 출연하면서
'오미숙'이라는 이름을 세상에 알렸다.
그 일을 계기로 매해 시골집을 대여섯 채씩 살려 내다 보니, 어느새 50여 채가 넘었다.

좋은 집, 멋진 집도 많지만 오랜 세월 비어 있던 시골집은 폐가에 가깝다.
그런 집을 공사하겠다고 작업 팀을 불러들이면, 한결같이 고개를 외로 꼬며
이런 집을 어찌하려고 그러느냐, 볼멘소리들을 한다.
'하면 된다!', 혼잣말로 기합을 불어넣고 하나씩 작업 지시에 들어가면
어느새 집은 살아나고, 새살이 붙곤 한다.

"어머! 이건 기적이야!"
큰 눈가에 눈물이 그렁그렁해진 의뢰인이 완성된 집을 둘러보며 한 말이다.
'기적? 맞아, 기적이다!'
내 마음 깊은 곳에서 맞장구를 치고 있었다.
"못 한다고 그냥 가 버리실 줄 알았어요. 다들 그럴 거라고…."
실은, 몇 번이고 그러고 싶었다.
건축주와 팀원들 앞에서는 의기양양, 자신만만이지만, 혼자 있는 시간이면
잘 해낼 수 있을까 두려워서 밤마다 기도를 했다.
젖 먹던 힘이 뭔지를 알게 되고, 날로 홀쭉해지는 팀원들 뒤에서 혼자 눈물 훔치는 날이
길어질 무렵 집은 완성되었다.
서천집 이후로 10년 넘게 전국을 누비며 살려 낸 시골집들은
정말이지 '기적'이라는 표현이 딱 맞지 싶다.

대부분 나를 부르기 전에 이미 몇 군데 업자들이 다녀갔다 한다.

"아, 이건 새로 지어야 해요!", "부숴 버리세요!" 하고 그냥 가 버린단다.

그런 집들이 지금 전국 곳곳에서 빛을 밝힌 채 행복을 엮어 가고 있다.

그렇게 고친 시골집에서 사는 분들이 종종 소식을 전해 온다.

"시골집 덕분에 인생이 바뀌었어요."

까닭 모를 우울증으로 힘들어했다던 외뢰인이 얼마 전 들려준 이야기이다.

너무 행복하게 잘살고 있다고.

꽃도 심고 텃밭도 가꾸고, 이웃들과 소통도 많아지고

가족이 자주 모여 밥을 해 먹고 웃다 보니 어느 순간 약을 안 먹고 있더란다.

10채만 해도 좋겠다 하던, 나의 시골집 공사는 어느새 10년을 훌쩍 넘어가 있다.

"서천집처럼 해 주세요!" "펌프도 넣고, 서까래도 살리고…."

오미숙표 시골집을 좋아라 해 주는 분들과 함께하는 공사는

나를 원더우먼으로 만든다.

두 번째 책은, 장돌뱅이처럼 시골을 돌며 되살린 기적 같은 집들을 담아낸 지난 10년의

결과물이자, 기후변화를 걱정하는 마음으로 열심히 고민하고 실험한 기록이기도 하다.

시골집에 살아 보고픈 꿈을 가진 분들이나, 살고 있는 시골집이 너무 낡아서 고치고 싶은

분들에게 깨알 같은 참고가 되었으면 좋겠다.

- 2024년 가을, 서천에서 오미숙

편집자의 보태는 말

두 채의 시골집 그리고 두 권의 책

『2천만원으로 시골집 한 채 샀습니다』

'오도이촌'을 꿈꾸면서 내 몸에 맞는 시골집을 찾아다녔다는 인테리어 디자이너가 2천만원대의 예산으로 헐값에 집을 샀고, 집값을 훌쩍 뛰어넘는 비용을 들여서 리모델링을 했습니다. 그 알토란 같은 경험을 모아서 과하게 친절한 책을 냈지요. 사랑 많이 받았습니다. '시골집 구하기, 고치기, 살아보기'의 교과서 격이라고 할 수 있는 책이었습니다.

세월이 흘러 절판되었던 이 책을 수정·보완해 두 번째 책인 이번 신간과 함께 출간하게 되었습니다. 시골집 관련, 튼실한 정보가 가득한 책입니다.

『시골집의 기적』

참 절묘합니다. 첫 번째 시골집의 옆옆 집을 한 채 더 샀다고 하니 말입니다. 오미숙 저자의 두 번째 책은 바로 이 집에서 출발합니다. 더불어 지난 10여 년간 고쳤던 셀 수 없이 많은 집 중에서 몇몇 집을 골라 함께 소개합니다. **시골살이를 소망하는 마음은 그때보다 지금이 더 간절한 것 같습니다. 도시 한구석을 찜하고 살아간다는 것이 갈수록 더 어려워지기 때문이겠지요.** 시골에서 살아보겠다는 꿈을 한 뼘 더 키워 줄 수 있는 책, 이 책이 꼭 그랬으면 좋겠습니다.

차례

편평한 밭과 밭 사이로 구부정하게 길이 난 순박한 시골

니트 스웨터 같은 짜임의 인디핑크 기와집이 보이는군요.

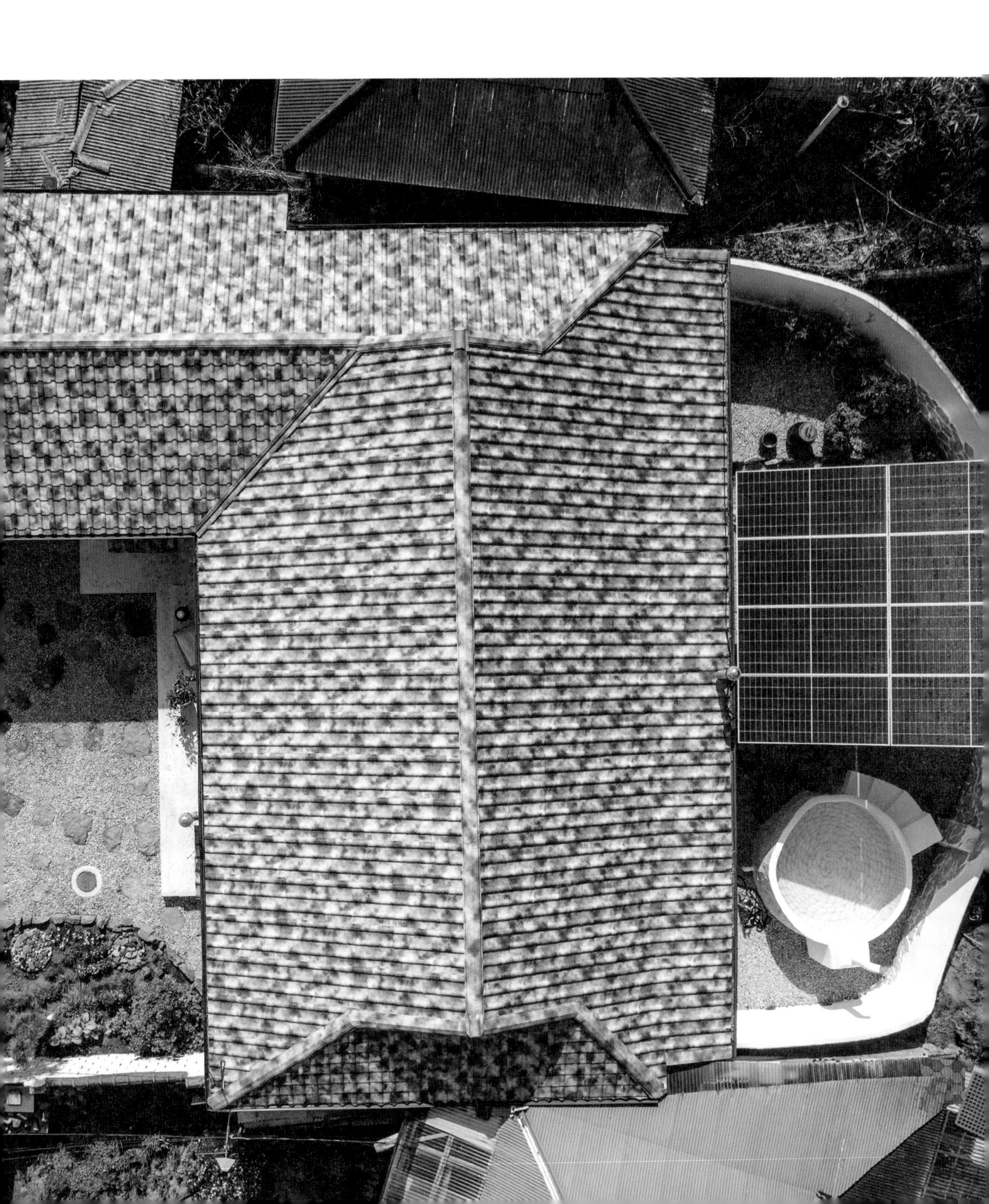

우리집

1장

친환경 정신을 부어 고친 나의 두 번째 시골집

시골집 한 채 더, 샀습니다.

"서천에 집이 있는데, 그 옆옆 집을 또 사서 고친다고? 아니, 서천이 그렇게 좋아?"

사람들은 백이면 백, 모두 다 고개를 갸우뚱한다. '돈이 많은가 보네' 생각할까 싶어 눈치가 보일 때도 있었고, 간혹 '그렇게 할 일이 없나?' 하는 표정 같은 게 읽히기도 했다. '언제는 허락받고 했냐?'라며 무심하게 반응하는 사람들도 있었다. 맞다. 첫 번째 집도 찬성 한 표 없이 단독으로 강행했었다. 그런데 그 서천에 두 번째 집을 사서 고친다고 하니, 의아해하는 게 당연할 거다.

언젠가 〈세계는 지금〉이라는 TV 프로그램에서 가뭄 위기 때문에 고심하는 나라를 본 적이 있다. 잔디밭에 물을 주거나 물을 낭비하면 벌금을 매기고, 심지어 물 낭비를 적발하는 경찰이 따로 있다고 했다. 그전까지는 막연히 기후변화 때문에 걱정이라고만 여겼는데, 실제로 생존의 위기를 눈앞에 둔 나라의 모습을 보고 나니 단지 그 나라만의 문제가 아니라는 생각이 들었다. 게다가 그즈음에 상수관 파열로 식수 공급이 안 돼서 수많은 주민이 힘들어하고 있다는 국내 뉴스까지 접했다.

시골집 공사를 할 때도 가뭄이 심한 밭에 수돗물을 호스로 연결해서 물을 주는 모습을 심심찮게 보았다. 그때 이런 생각이 들었다. '빗물을 모았다가 텃밭에 뿌려 주면 좋을 텐데.' '빗물을 모아 두는 탱크를 땅에 묻으면?' '그럼 어디에다? 어느 집에다 해볼까?' 생각은 꼬리에 꼬리를 물고 이어졌다. 물 절약은 전기 문제로 이어졌고, 주방 살림을 전기 없이 할 수는 없을까에 이르렀다.

50여 채가 넘게 시골집을 고치는 동안 수없이 많은 기능들을 모색해 보긴 했지만, 어떤 결과가 나올지 모르는 실험적인 기능은 '내 집'에서 할 수밖에 없다고 판단했다.

그 무렵, 한 통의 전화를 받았다. 나를 딸이라고 부르며 아껴 주던 서천집 이웃 할머니였다. 서천집에 갈 때마다 마실을 오시고, 각종 푸성귀며 김치, 된장과 고추장을 아낌없이 퍼 날라 주던 인심 좋은 할머니가 당신 집을 팔고 싶다고 하셨다. 남에게 넘기는 것보다 딸이 사 주면 덜 아쉬울 것 같다며!

그 집은 서까래며 기둥이 튼실해서 가끔 가서 볼 때마다 참 잘 지은 집이라고 감탄했었는데. 10년 전에 샀던 첫 집과 비교하면 시세는 4배나 올랐지만 앞뒤 가릴 것 없이 덜컥, 그 집을 사겠노라 약조해 버렸다. 아무것도 모르고 덤볐던 첫 집처럼, 아무도 못 말리는 고집이 또 한 번 발동한 셈이다.

'인생 뭐 있어? 가 보고 싶으면 가고, 해보고 싶으면 하는 거야!' 그렇게 할머니의 집과 밭을 인수하고, 머릿속에서만 내내 그려 보던 실험적인 공사를 시작하게 되었다. 그리하여 빗물 저장 탱크를 허드렛물에 이용해서 수돗물을 아끼고, 화덕 싱크대와 빈티지 벽난로, 태양열 모아 쓰기로 전기 없는 집안 생활을 실험해 보는 '서천집 2호'가 탄생했다.

태양열 발전기
화덕 싱크대
아궁이 노천탕
그리고
빗물 저장 탱크가 숨어 있는
볕 부자, 물 부자 집

예쁘기만 한 집 말고 환경에 도움이 되는, 실속 있는 집을 만들고 싶었다. 비가 오면 처마에 고이는 빗물을 받아 탱크에 빗물을 모으고 수도가 설치된 곳에는 저장된 빗물을 쓸 수 있도록 수도꼭지를 두 개씩 설치했다. 화장실 변기에서 내리는 물도 모두 빗물을 쓴다. 소중한 자원을 허투루 낭비하지 않는 집으로 만들고 싶었던 소망이 어느 정도 실현된 것 같아 뿌듯하다.

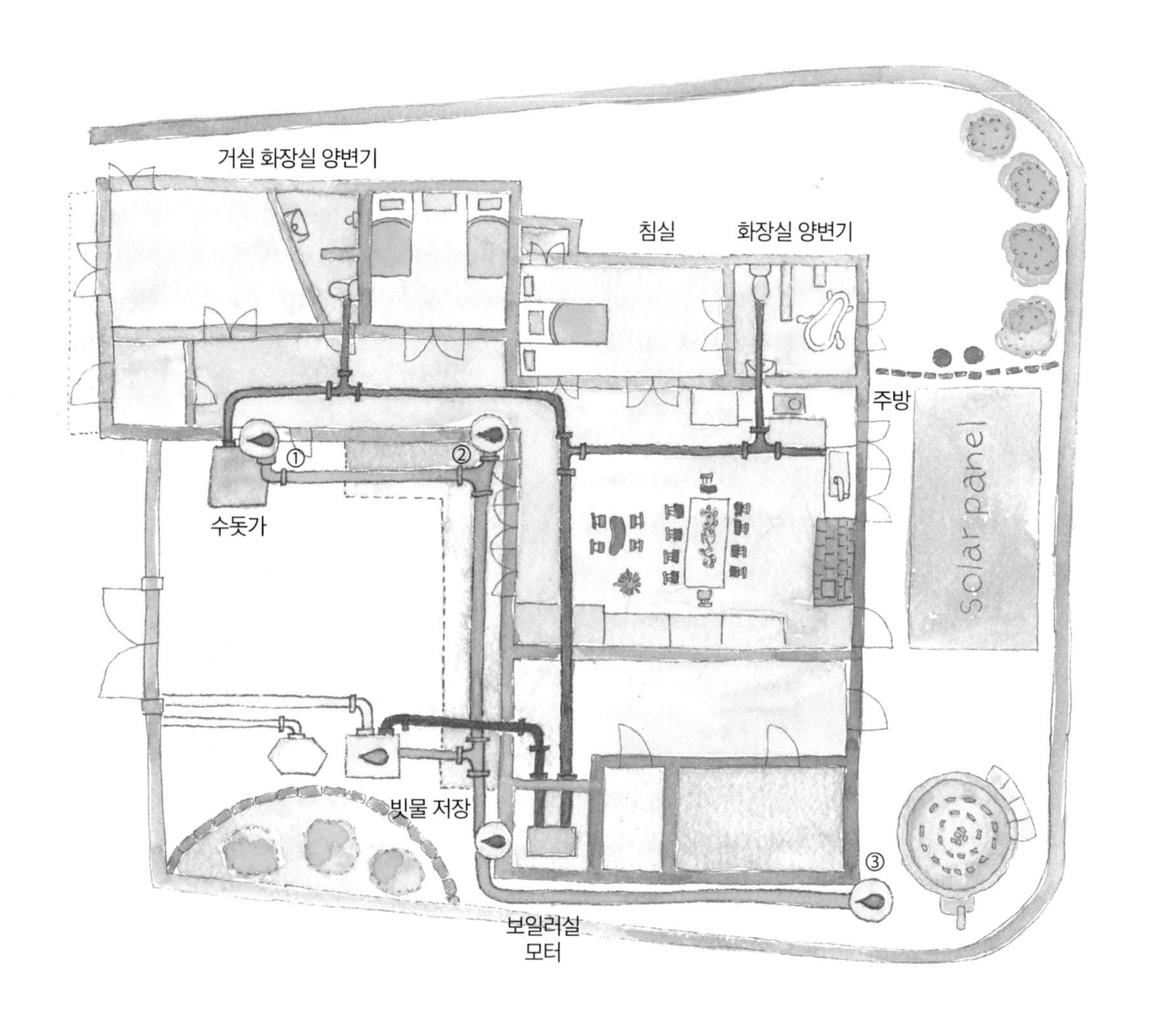

빗물 탱크 활용 설명서

파란색 · 처마의 빗물을 모아 저장하는 탱크

주황색 · 빗물 탱크의 물을 실내로 유입하는 경로

①, ②, ③ · 처마의 빗물 홈통

대문은 두 개다. 검은 문을 열면 방이 있는 안채가 나오고, 푸른 문은 마당 지나 부엌과 거실로 연결된다.

그리스 산토리니 어디쯤 같은, 내 딴에는 그러려고 푸른 대문을 만들었는데…. 과연 그런가? 아닌가?

산토리니처럼!

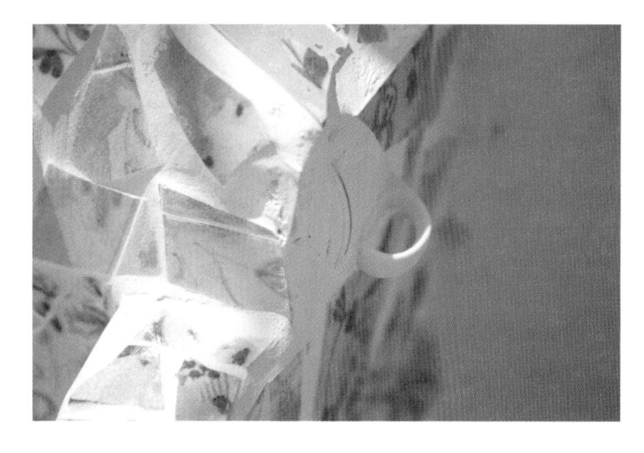

빗물을 따로 저장해 두었다가 사용하는 마당의 수돗가. 희고 푸른 무늬의 타일을 깨어 붙였다. 깨진 머그컵도 손잡이 따로, 몸통 따로 붙여 두었는데 여기에는 솔이나 수세미 같은 청소 도구를 담기로 했다.

앞마당 수돗가

부엌 창을 통해서 건너다보는 뒷마당

대나무 숲에 둘러싸여 있어 주변 시야를 차단하기 좋은 비밀의 뒷마당. 살짝 그늘진 마당 바닥에는 물이 잘 빠지도록 자갈을 깔았다. 앞마당보다 더 자주 활용할 예정이라서 뒷마당으로 나오는 문을 세 개나 냈다. 안방 욕실, 주방, 다용도실에서도 모두 다 뒷마당으로 나올 수 있도록! 그동안 모아 두었던 항아리에 화초를 가득 심고, 야외용 의자와 테이블도 곁들였다.

장작 때서 물을 덥히는 뒷마당 아궁이 노천탕

이혼 후 두 아들을 못 보고 살았던 때는 잘 먹고 잘 자는 일, 그런 일상조차 어쩐지 죄를 짓는 기분이었다. 김치 하나로만 밥을 먹고 소파에서 쪽잠을 잤다.

"미숙아! 이제 그만 나와. 우리, 같이 밥 좀 먹자!"

그저 얼굴이나 보자는 친구들의 간곡한 권유에 무심코 집 밖으로 나간 그날, 마치 납치라도 당하듯 순식간에 이끌려 1박 2일, 강원도 여행을 떠났다.

그때 그 바다의 푸른빛은 참 슬펐고, 끼룩거리는 갈매기 소리도 싫었다. 그러다 저녁 무렵, 하룻밤 묵을 곳에 도착했는데, 짐을 풀기가 무섭게 친구들이 노천탕에 가자고 성화였다. 한겨울에 노천탕이라니! 내키진 않았지만 하는 수 없이 따라나섰다.

키 큰 대나무에 둘러싸인 아늑한 공간. 족히 대여섯 명은 들어가고도 남을 만큼 널찍한 노천탕

이 나타났다. 물속에 몸을 담그자 얼었던 몸이 스르르 녹으면서 따스한 기운이 느껴졌다. 나도 모르게 주르르 눈물이 흘렀다.

쨍한 공기가 머리를 맑게 해 주고, 따뜻한 물이 포근히 안아 주던 그날의 그 느낌은 지금도 선명하다. 그래서일까. 힘든 일이 생길 때마다 노천탕의 온기를 떠올린다. 온몸의 세포를 깨워서 다시 살아 낼 힘을 주었던 그곳.

내 집에도 그런 노천탕을 만들고 싶었다. 그것도 장작으로 불을 때서 물을 덥히는 방식의 친환경 노천탕. 불멍 좀 하고, 고구마도 구워 먹고, 그러다 뜨끈하게 물이 덥혀지면 물속으로 들어가는 노천탕이라면 좋겠다, 싶었다. 이렇듯 진심 어린 계획으로 설계한, 이른바 '아궁이 노천탕'이 바로 뒷마당에 있다.

이제, 집으로 들어갑니다!

유럽 어느 시골에서 보았던, 그런 부엌이 갖고 싶어서

전형적인 한옥이다. 그 뼈대를 살려 고쳤으니 한옥의 맛이 곳곳에 스며들었다. 하지만 마치 유럽의 고택처럼, 높은 천장 아래 오래된 가구를 자유롭게 채운 느낌도 곁들이고 싶었다. 그러자면 최대한 넓고 시원하게 공간을 확보해야 했다. ㄱ자로 꺾인 집을 처마 끝까지 최대한 증축했다. 물론, 법의 테두리 안에서!
부엌과 거실이 공존하는 여기. 도화지에 그림을 그리듯, 사는 동안 꿈꾸었던 것들을 풀어놓았다. 서까래가 드러난 뾰족한 천장, 널찍한 다이닝 테이블과 기품 있는 그릇장, 낭만적인 페치카, 햇빛이 빗살무늬로 들어오는 창과 문. 소몰이하듯 살아야 했던 그간의 삶이 조금쯤 보상받는 것 같은… 그런 시골집이었으면, 했다.

둘 곳 없어 떠돌던 내 오래된 살림이 찰떡같이 제자리를 찾았다.

부엌 한쪽 벽에 커다란 그릇장을 짜 넣었다. 살림하는 사람에겐 더할 나위 없이 중요한 그릇들. 도시의 빡빡한 공간에 사느라 여기저기 흩어져 지냈던 나의 그릇들이 서천으로 와 비로소 제자리를 찾게 되었다. 유기는 유기대로, 유리는 유리대로 칸칸이 제자리를 잡아 주었다.

리모델링을 갓 마친 공간이지만 오래된 부엌 같다. 내가 바라던 풍경이다. 원래 집이라는 건 사는 사람을 닮아야 제격이니까.

처음, 빗물로 설거지를 하던 날

물 쓰는 자리마다 수전을 두 개씩 설치했다. 하나에서는 수돗물이 나오고, 다른 하나에서는 빗물 저장 탱크에 저축해 두었던 물이 흘러나온다. 변기 물은 모두 빗물로 내리고, 음식은 수돗물로, 설거지 등의 허드렛일에 사용하는 물은 되도록 빗물한테 부탁할 요량이다.
그런 날이 오지 않기를 바라지만, 만약! 만약에 상수도 물이 부족해진다면 빗물을 끓여서 먹어도 되지 않을까, 하는 생각을 가끔 하면서 흐뭇해하고 있다.

처음 빗물로 설거지하던 날의 뿌듯함은 오래도록 잊을 수 없을 것 같다. 수도꼭지에서 물이 나오는데, '이게 정말로 빗물이라는 거지?' 하면서 한참을 아껴 바라보았었다. 고맙다는 인사를 속엣말로 전하기도 했다. 앞으로 우리 잘 지내보자, 하면서 말이다.

화덕이 있는 부엌

나의 부엌에는 수도꼭지가 두 개, 인덕션도 두 개다. 천재지변이 일어나도 자급자족할 수 있는, 미래형 집을 만들고 싶은 마음에 여러모로 대비를 한 셈이다.

전기도, 가스도 끊기는 상황을 가정했을 때, 제일 시급한 것은 물 끓이고 밥해 먹는 일 같았다. 화덕 싱크대를 떠올렸다. 가스나 전기 없이 조리하려면 불을 피워야 할 텐데…. 한식 아궁이는 솥단지가 너무 크고, 뭔가 개선된 방법이 필요했다.

궁리 끝에 입식 화덕을 모티브로 삼았다. 화덕 위에 철판을 편평하게 시공해서 인덕션처럼 사용하는 방법이다. 겨울철에는 보온 효과도 있어서 더 좋을 거 아닌가.

DESIGN BOOK
HOMES
FOR OUR TIME
Mediterranean

T C
AN
E AN
HE NRAN
THE CONRAN

숨어 있기 좋은 거실

벽돌과 석회로 마치 100년쯤 사용한 것 같은 분위기를 내는, 이른바 유럽 미장 기법으로 벽난로를 만들었다. 습기가 차오르는 날에는 장작을 피우고 벤치에 앉아 불멍을 한다. 벽난로 한옆에는 파묻히듯 숨어들어 생각에 잠기기 좋은 자리를 만들어 놓고, '생각 웅덩이'라 이름 붙였다.

천장에는 서까래와 색깔을 맞춰 우드 컬러의 실링 팬을 달았다. 공기 순환도 잘 시켜 주고 한여름 폭염이 아니면 에어컨 생각, 안 나게 해 준다.

바닥은 헤링본 패턴으로 짜맞춘, 목재 느낌의 타일로 골랐다. 나무를 닮은 돌이다. 여름에는 시원하고 겨울에는 온기를 오래 잡아 준다.

비 오는 날, 혹은 고즈넉한 저녁 무렵이면 괜한 감상에 젖어 틀어 놓곤 하는 LP판과 플레이어. 오래된 것들이 전해 주는 이런 느낌이 참 좋다.

부엌에서 안채로 넘어가는 문이다. 빗장을 질러 두는 그 옛날의 정지문을 활용했다. 묵직한 소나무 통원목이다. 아마도 셀 수 없이 열고 닫았을 것이다. 손때로 반질반질해진 윤기와 함께 세월의 흔적을 담은 나무 옹이가 공간의 중심을 잡아 주는 것 같아 썩 마음에 든다. 이 문 안쪽은 우리 엄마의 방이다.

조용한 쉼의 공간, 안채

검은색 대문을 열면 만나게 되는 안채. 아트 요소를 지닌 스테인드글라스로 현관에 즐거움을 더하고, 조금은 과감하게 빨강 타일을 깔아 인상적인 멋을 불어넣었다. 현관으로 들어서면 방과 화장실이 길게 이어지는 복도식 구조다. 빈티지 도어를 방문으로 사용했기 때문에 문마다 모양과 높이, 손잡이까지 전부 다르다. 그 대신 모두 그레이 컬러로 페인팅해 통일감을 주었다.

여기는 침실. 제대로 드러난 서까래와 조그만 창문이 낭만적인 방이다. 깊은 잠을 청하기에 더할 나위 없는 아늑함이 바로 이 방의 무기인데, 하얀 침구 속으로 들어가면 스르르 잠이 들게 되는 숙면의 방이기도 하다. 안팎이 서로 다른 색을 지닌 방문으로 자유분방한 재미를 연출해 보았다.

증축해 만든 독특한 구조의 작업실

현관문 바로 옆으로 자리 잡은 이 방은 집에서 가장 전망 좋은 논밭 뷰의 공간이다. 창가의 나무 의자에 앉아 있으면 계절의 풍경이 액자 속 사진처럼 아름답게 펼쳐진다.

공간 크기가 너무 애매해서 방을 증축했더니 천장 모양이 들쭉날쭉 참 재미있게 나왔다. 서까래가 없는 부분이 증축한 공간이다. 여기 앉아 책도 보고 바느질도 하는데, 시간 가는 줄 모르고 무심하게 하루를 보낼 수 있게 해 주는, 고마운 방이다.

우리 엄마,
집이 생기면 꼭 만드는 엄마의 방

딸 여섯에 아들 하나. 맏며느리로 딸만 내리 여섯을 낳은 우리 엄마는 마음의 짐이 얼마나 컸을 건가. 아들도 못 낳는다는 할아버지의 구박이 말도 못 했다고 했다. 그 구박은 넷째 딸인 내가 하필 백말띠 해에, 그것도 정월 초하루에 태어나면서 극에 달했다.

부모 대신 할머니와 살았던 나는 가끔 만나도 따뜻하게 안아 줄 여유조차 없는 엄마가 야속하기도 했지만, 나이 들어 큰아들 장가까지 보내 놓고 나니 엄마의 그 고단했을 삶이 더 안쓰럽게 느껴진다.

그래서 집을 마련할 때마다 엄마의 방을 꼭 하나씩 만든다. 첫 시골집에서는 군불 때는 방이었고, 이번에는 안방을 내어 드렸다.

엄마 방의 백미는 발치에 있는 벽장이다. 옛 한옥의 문을 그대로 옮겨와 달았더니 천장의 서까래와 쿵짝이 잘 맞는다. 마치 타임머신을 타고 과거로 시대 이동을 한 듯한 착각이 든다고 할까. 높은 잠자리를 싫어하셔서 나지막한 평상의 기분을 내려고 매트리스만 깔았다.

"엄마, 방 어떠세요? 마음에 드세요?"

"좋네! 호텔이네!"

"내려온 김에 우리 여기서 한 달 있다 갈까요?"

"무슨! 집에 가야지."

"왜? 딸이 만든 엄마 방인데, 안 좋아?"

"좋아! 그래도 내 집이 최고야."

이크! 우리 엄마, 단호박!

아흔이 넘은 엄마의 방 바로 옆에 문턱을 없앤 욕실을 두었다. 건식으로 만들었으니 굳이 신을 신지 않고도 쓸 수 있다. 욕조에 누우면 뒷마당이 보이는, 아주 로맨틱한 공간이다. 화장실이 불편했던 1호 집에는 아무래도 자주 못 오셨는데, 이제 방 옆에 화장실이 있으니 아무리 '내 집이 최고'라지만 여기에도 자주 오셨으면 좋겠다.

뒷마당으로 통하는 건식 욕실

앞에서 본 그 욕실이다. 엄마 방에서 이어지는 이 욕실은 뒷마당을 향해 커다랗게 낸 창문 겸 여닫이문이 포인트라고 하겠다. 대나무 숲으로 막혀 있어 사람들 시선이 닿지 않는 이점을 활용했고, 과감하게 문을 활짝 열어 놓고 목욕을 즐길 수 있는 휴양지 스타일의 욕실로 꾸몄다. 좋아하는 것들을 일상에서 맛볼 수 있는 여유가 시골집의 가장 큰 낭만일 테니.

이 집에는 똑같은 타일이 하나도 없을 정도로 다양하게 시공했다. 레트로 패턴이 많은 것은 나의 취향 때문이겠다. 돈 들인 만큼 티가 나는 게 타일이라서, 가성비보다 취향을 살려 투자했다.

변기와 샤워 공간 사이에 너무 답답하지 않으면서 살짝 가려줄 수 있는 주물 파티션을 세웠다. 왠지 안정감 있지 않나.

안채 한옆에 틈새 공간을 만들어서 세탁기와 건조기, 청소기 등을 수납하는 방으로 쓰고 있다.

시골집

2장

원만한 시골살이를 위해 꼭 챙겨야 할 필수 리스트

시골에서 살고 싶다면

고민 단계에서 집중해야 할 몇 가지

준비 1

미니멀리스트로 살 각오가 필요합니다.

시골집으로 들어가면 살아가는 방식이 필연적으로 바뀐다. 변화가 긍정적으로 이루어지려면 단순히 집을 구하고 예쁘게 고치는 일 외에 다양한 준비가 필요하다. 그 첫 번째로 짐 정리를 꼽고 싶다. 시골집에 가장 잘 적응하는 사람은 자연을 사랑하는 사람, 마당을 좋아하는 사람도 아니고, 벌레를 안 무서워하는 사람도 아니다. 바로 짐이 없는 사람이다. 다르게 말하면, 있는 짐을 다 버릴 용기가 있는 사람이다.

도시의 아파트나 빌라도 아니고 대지 100평은 거뜬히 넘어가는 시골 단독주택에서 짐이 무슨 대수일까, 할 수 있겠다. 하지만 시골집, 특히 100년 가까운 나이의 옛날 집은 현대식 살림살이와 인연이 없다고 보면 된다.

붙박이장, 팬트리, 베란다 같은 여유 공간이 전혀 없는 집을 상상해 보자. 그 안에 빼곡히 들어차 있는 짐의 대부분을 버려야 멋진 시골집 스타일링이 가능하다. 세 칸짜리, 네 칸짜리 하는 식으로 옛날 규격에 맞춰 지어진 시골집의 공간 구조상 짐이 체계적으로 수납되는 시스템 붙박이장을 맞추기 어려운 까닭이다.

잘 상상이 안 간다면 한옥 스테이나 사극에서 보던 방을 떠올려 보는 것도 좋다. 왕후장상이 사는 방도 그저 앉은뱅이책상 하나, 방석 하나, 옷걸이용 횃대와 반닫이, 병풍 정도뿐. 방은 아주 멋지게 비어 있다. 문도 크고 창도 크고 책장조차 막힌 곳 없이 사방이 비어 있는 디자인이니, 미니멀 그 자체가 아닌가.

시골집에 살고, 꽤 여러 채의 시골집을 고쳐 보기도 해서 되도록 수납장을 많이 짜려고 노력하지만, 살다 보면 늘 부족함을 느낀다. 고만고만한 평수의 옛집들을 고치면서 증축을 필수로 하게 되는 것도 이런 이유 때문이다. 방 하나를 아예 창고 겸 비품실로 만들고 세탁실도 꼭 따로 둔다. 그래도 짐을 둘 곳은 여전히 부족하다.

또 하나, 시골에 살다 보면 도시의 삶과는 다른 물건들이 화수분처럼 생겨난다. 톱, 호미 등의 각종 연장, 큼직한 바구니 같은 허드레들이 바로 그런 거다. 시골집만의 짐 자리가 또 필요해지는 셈이다. 그러니 원래 이고 지고 살던 짐을 그대로 들고 이사하겠다는 생각은 버리는 게 좋겠다.
시골집으로 이사할 때는 해외 이사를 한다, 생각하면서 있는 힘을 다해 버리라고 당부에 당부를 거듭한다. 욕심껏 챙겨서 이고 지고 오면 살기 불편한 것은 기본에다, 열심히 고쳐 완성한 집이 하나도 안 예뻐 보이는 악순환이 되풀이된다.

이사하기 전, 덩치 큰 가구는 가급적 버린다. 아깝다고 쟁여둔 옷도 버린다.

이 두 가지만 마음먹고 버린다면 시골 생활에 큰 불편이 없을 거라 장담한다.

준비 2

가족들도 시골에 대해 같은 생각인가요?

"가족들이 시골집 이사를 좋아하나요?"
상담차 만나면 맨 먼저 꼭 묻는 질문이다. 인생이 어디 그렇게 호락호락하던가. 살던 터전을 버리고 새로운 곳으로 이사하는 일은 꿈을 찾아 떠나는 모험과 같은 것. 희망과 기대에 부풀었던 사람도 막상 살아 보면 힘들어한다.
인생이 그렇듯 짐작과는 다른 일이 수시로 펼쳐지게 마련이다. 문제는 가족 구성원 모두가 시골살이를 환영하지 않는 경우인데, 이런 일이 비일비재하다. 내가 처음 서천집을 고쳤던 10년 전에는 주로 아내들이 시골로 내려가기를 싫어했다면, 요즘은 외려 남편의 반대가 만만치 않은 집이 늘었다.
가족 구성원 및 라이프스타일의 변화를 통해, 집에서 나는 어떤 삶을 살고 싶은지 생각해 보는 계기로 삼을 수 있다. 자녀들은 별수 없이 부모 뜻을 따른다 해도 친구들과 헤어져 낯선 곳으로 가는 게 내키지 않는 경우가 대부분. 그럴수록 시골집을 고칠 때 가족 모두의 취향을 반영하도록 노력해야 한다고 이야기를 건넨다. 나만의 취향은 잠시 접어 두고, 가족들이 새로운 집에 꿈과 기대를 품을 수 있도록 리모델링을 다 같이 준비하는 것이다.
이야기를 나누다 보면 가족 개개인이 원하는 것을 통해 의외의 결과를 만나기도 한다. 가족들의 의견을 진중하게 듣다가 예상치 못한 아이디어나 삶에 대한 새로운 시선을 만나게 되기도 하니까. 바로 그런 의견을 인테리어에 반영하는 게 답이다.
어떤 집에서 살고 싶은가는 어떤 삶을 살고 싶으냐는 질문과 맞닿아 있다. 자기 의견이 들어간 집은 그만큼 더 친근하고 편리하다. 집은 혼자만의 공간이 아니라 가족들이 어우러져 일구어 가는 생활의 터전이라는 생각으로 함께하면 좋겠다.

준비 3

새 집 짓기보다 헌 집 고치기를 추천합니다.

보편적인 수준의 철거를 한 다음 새롭게 디자인하는 집도 있지만, 뼈대만 남기고 완전히 다 뜯어서 짓다시피 하는 경우도 있다. 이럴 땐 '차라리 새로 짓는 게 빠르겠어!' 싶은 마음이 들기도 한다. 하지만 아무리 새로 짓듯이 고치는 리모델링이라고 해도, 부수고 새로 짓는 것보다는 확실히 비용 절감이 된다. 2,000만 원대로 구입한 나의 첫 서천집은 공사비로 5,000만 원 남짓 들었으니 총 7,000만 원으로 집을 얻은 셈이다. 그런데 근처의 아무 모양 없는 컨테이너 방 한 칸을 4,000만 원 들여 지었다는 말을 듣고 기절할 뻔했었다.

2024년 기준, 리모델링에는 없지만 신축에는 꼭 들여야 하는 돈이 있다. 자재나 평수에 따라 차이가 있기는 하지만 준공 허가, 설계 도면, 내진 설계 등인데 이 비용이 7,000만~8,000만 원에 육박한다. 게다가 그 과정은 또 얼마나 지난하겠나. 따라서 낡은 집을 구해 내 스타일로 고치는 게 유리하다고 하겠다.

이 책에서 소개하는 집들은 천장이나 창과 문 같은 본래의 틀을 기어이 살려서 고친 경우가 대부분. 그만큼 한옥 스타일에 매력을 느끼는 사람이 많다는 뜻이겠다. 물론, 리모델링이라고 해서 한옥의 구조와 스타일을 똑같이 살릴 필요는 없다. 특히나 가족 구성원이 많을수록 구옥의 멋을 살리기보다 모두 털어 낸 다음 널찍하고 심플하게 인테리어하는 것을 추천하는 편이다. 별장처럼 사용하는 세컨드 하우스라면 상관없지만, 생활공간이라면 가족들이 구옥 구조를 불편하게 느낄 수도 있을 테고.

한옥 스타일을 살리고 싶어도 천장이나 지붕, 대들보 상태가 위험해서 포기해야 할 때도 있고, 양호한 상태인데도 모두 철거하고 새 공간을 만들기도 한다. 이처럼 나의 상황에 맞는 집을 만드는 일은 얼마든지 가능하니, 합리적인 구옥에 눈을 돌려 보자.

준비 4

이웃 친화적인 사람이 되기를 당부합니다.

시골은 도시와 달리 이웃 친화적인 라이프스타일이 될 수밖에 없다. 시골 인심이 그렇다. 주택이 대부분인 데다 담장도 낮고 문 열어 놓고 사는 집이 많아 이웃집 숟가락이 몇 개인지까지 속속들이 알게 된다. 특히 새로 이사 온 사람은 금세 그 마을의 '아이돌'이 된다. 안티팬이 가득한 아이돌일 수 있다는 게 함정이지만!

10여 년 전, 첫 집을 고칠 때의 일이다. 철거를 시작하던 바로 그날, 온 동네 사람이 한꺼번에 찾아왔다.

"차라리 다 부수고 새로 짓지 뭐 한다고 이 고생이냐?"

"여자 혼자 공사하는 거냐? 남편은 어디 갔냐?"

"아이고! 아무것도 모르면서 무슨 공사를 한다고!"

공사하는 내내 동네 사람이 돌아가며 지켜서서 한마디씩 훈수를 두었고, 시도 때도 없이 마실을 와서는 세월아 네월아 머물다 가는 이도 부지기수였다. 할 일이 태산처럼 쌓여 있어서 마음은 바쁜데 일일이 응대를 할 수도, 안 할 수도 없는 난감한 상황. 시골에서 뭐라도 해본 사람이라면 이런 입장을 이해할 것이다.

어디 서천만 그럴까. 전국 방방곡곡 장돌뱅이처럼 돌면서 경험한 수많은 시골집도 다르지 않았다. 과거에만 그런 게 아니라 요즘의 현장도 다를 건 없다. 마을 어른들이 관심을 두지 않는 경우는 없다고 보는 게 맞다. 사돈의 팔촌까지 모여든다고 생각하는 것이 차라리 속 편하다. 참견이라 여기지 말고 관심으로 받아들이면 한결 낫다.

시골살이란 사람들과 함께 어울려 살아야 완성되는 경우가 대부분이다. 언제나 반쯤 열려 있는 대문 앞은 이웃의 농사 도사들이 무심하게 던져 놓고 간 다양한 제철 농작물로 넉넉하다. 각종 푸성귀부터 감자, 고구마, 배추까지 사시사철 농작물이 그득 쌓일 정도라서 텃밭 없이도 자급자족이 가능한 게 시골살이 중 뜻밖의 선물이었다.

좋다면 더없이 좋지만 이 끈끈한 오픈 커뮤니티를 어려워하는 이들도 꽤 많이 봤다. 예전부터 터를 잡고 살던 집을 고치는 경우는 괜찮지만, 낯선 곳에 정착한 사람들 중에는 지나친 텃세 때문에 애써 고친 집에서 도망치듯 떠나 버리는 경우도 있었다.
적당한 무관심이 기본인 도시와 달리 끈끈한 커뮤니티가 형성된 시골살이는 이웃들과 성향이 맞지 않으면 힘들다. 관계는 아주 사소한 부분에서 삐걱거리기 시작한다. 말 한마디와 시선에 상처를 받기도 한다. 그러다 견딜 수 없어지는 것이다. 누구 한 사람의 잘못이 아니라 삶의 모양이 달라서 그런 것일 게다.

살던 곳이나 고향이 아닌 이상, 집을 정하기 전에 자주 내려가서 동태를 살피라고 조언한다. 이웃들과 이야기도 나누고, 이장님도 만나고, 마을 분위기를 미리 살펴볼 것을 적극 권하는 이유다.

준비 5

사려고 하는 집에 건수, 누수는 없나요?

시골집 전문으로 여러 집을 돌아보면서 항상 주장하는 바가 있다. 물이 고이는 환경인지 여부를 꼭 체크하라는 신신당부다. 특히 장마철이 아닌데도 벽에 곰팡이가 많거나 습기가 가득하고 눅눅한 집은 구입을 피해야 한다. 더욱이, 오래 비어 있던 집일수록 꼼꼼히 살펴보는 것이 좋다. 어떤 집은 15년 동안이나 빈 채로 방치된 탓에 마당에 뽕나무 가시덤불이 가득했다. 잡목 뿌리를 제거하느라 중장비까지 동원해야 했다. 집안을 살펴보니 벽에 곰팡이가 수두룩했다. 집 주변을 살펴보는데 토방 밑으로 한 발을 내딛는 순간, 발이 푹 빠졌다. 낙엽과 잡풀에 가려져서 물이 가득 고인 땅을 못 보았던 것이다.
포크레인으로 땅을 파니 물이 부글부글 올라오고, 뒤쪽에서도 물이 흐르고 있었다. 이런 집은 사지 않는 것이 답이지만, 이미 엎질러진 물. 이럴 땐 물길을 다른 쪽으로 돌려서 물을 빼는 것이 방법이다. 땅을 깊게 파서 물이 어떻게 흐르는지 관찰한 다음, 물이 고이는 곳에 자갈을 깔고 유공관을 묻어야 한다. 이것을 맨홀이나 하수관에 연결해서 배수를 원활히 해 주는 것이다.

얼마 전에도 아궁이 앞에 물이 고이는 문제로 애를 먹었다. 유공관 공사는 배관 공사 전에 해야 배수 문제가 원활해지니 공사 초반에 집을 잘 살피는 방법만이 살길이다. 집 주변에 건수가 흐르면 집에 습기가 차서 쾌적할 수가 없다. 건강에도 안 좋고, 곰팡이 필 확률은 당연히 높다.
시골집을 구입할 때는 비가 오는 날이나 눈 내린 다음은 피하고, 가급적 맑은 날이 여러 날 이어진 뒤에 가 보는 것이 좋다. 집 내부만 볼 것이 아니라 집 주변에 언덕이 있으면 흙이 무너져 내리지 않도록 옹벽 공사, 즉 토목공사까지 해야 하니 땅도 잘 살피고, 근처에 물웅덩이가 있는지 관찰할 것. 전기가 살아 있는지 여부도 확인해 본다. 단전된 집은 전기를 되살리는 데 신축 공사에 준하는 절차와 경비가 발생한다. 쾌적한 집을 구하는 것이 공사비 절약은 물론 건강한 생활을 유지하기 위한 기본이다.

준비 6

알아 두면 좋은 공사의 진행 경로입니다.

사람 얼굴이 전부 다르듯, 똑같은 집은 하나도 없다. 하지만 집을 매만지는 공사는 대부분 비슷한 경로를 거친다. 솜씨가 좋아서 내 집을 직접, 찬찬히 고치는 사람도 많지만 세밀한 영역에서는 아무래도 전문가의 힘을 빌리지 않을 수 없다. 이럴 때 공사 진행 과정을 대략이라도 알아 두면 아무것도 몰라서 무시당하는 일(잘 알아도 여자라고 무시하는 경우도 많았다)도 줄고, 불안함도 좀 가시게 될 것이다.

때맞춰 필요한 수도꼭지나 전등, 벽지, 타일 등의 자재를 공수해야 할 수도 있으니 공사팀과 일정을 미리 조율하는 것이 좋다. 한여름이나 한겨울, 비가 내리는 날은 공치는 날이니 공사 일정을 너무 빠듯하게 잡지 않기를 추천한다.

길게는 두 달까지 걸리는 시골집의 공사 진행 순서는 다음과 같다.

1 철거 방 천장, 방바닥, 벽, 창, 문, 재래식 화장실, 창고 등

2 설비 화장실, 주방, 수돗가의 배관 공사, 정화조 공사, 우수관 공사. 마당 수돗가 배관은 단열재를 꼼꼼히 두껍게 싸 주어 추운 날씨에 동파되지 않게 작업

3 보일러 공사 방바닥 높이를 서로 맞추어 보일러 깔기. 넓은 방바닥은 틀수를 나눠서(보일러실에서 나왔다가 들어가는 엑셀이 짧도록) 해야 방이 따뜻하다.

4 욕실 만들기 마당 한쪽에 정화조 묻고, 배관 작업 착수

5 지붕 공사 생각보다 큰돈이 드는 지붕 공사는 방수가 중요하므로, ㄱ자 구조의 집은 두 채가 만나는 곳을 신경 쓴다.

6 섀시 시공 목공사 전에 섀시 틀을 시공해야 작업하기 수월하다.

7 목공사 단열벽, 가벽 치기, 천장 치기, 방문/창문 짜기, 선반 만들기, 데크 짜기, 방부목으로 울타리 만들기. 목공사는 집의 품격을 완성하는 중요한 과정이다.

8 도장 공사 서까래, 기둥, 보, 창문, 문 등 목공사에서 만들어 놓은 목재 도색. 외벽, 대문, 담벼락 도색

9 타일 시공 욕실, 현관, 주방 벽의 타일 시공

10 도배 한지, 꽃무늬, 황토벽 도배 등으로 공간에 맞게 도배하기

11 바닥재 시공 원목 마루, 강마루, PVC 장판, 민속 장판, 에폭시 마감 등 집의 상황과 전체 디자인을 고려해서 시공

12 욕실 & 주방 가구 설치 욕실에는 변기, 세면기, 수건장, 거울 등 시공. 주방 싱크대 및 신발장 등 가구 시공

13 조명 달기 인테리어의 꽃이라 할 수 있는 조명은 포인트를 살릴 곳과 있는 듯 없는 듯 조도만 가미할 곳을 잘 고려해서 배치

14 유리 & 방충망 설치 섀시와 창문 유리 끼우기, 방충망 시공, 집 안팎에 실리콘 쏘기

시골집을 샀다면

헌 집 개조를 위한 핵심 정리

핵심 1

서까래는 최선을 다해 복원하세요.

시골에서 살기로 한 사람들의 로망 1순위는 다름 아닌 서까래가 있는 집이다. 아파트에서는 좀처럼 누리기 어려운 고목의 멋, 고목의 세월과 온기 같은 것이 그만큼 매력적인 까닭이다.
하지만 서까래라는 로망의 실현 여부는 그 집의 나이가 몇 살이고, 나무의 상태가 어떤지에 달려 있다. 충분히 살릴 수도 있지만, 못 살리고 덮어야 하는 경우도 있다.
나는 최소한 거실과 주방만이라도 복원해 보려고 묘수를 짜내는 편이다. 하는 수 없지, 하고 쉬이 포기하기에는 공간의 뼈대가 되는 아주 값진 구조물이기 때문이다.

애를 써도 불가능할 때는 대들보만 남긴 뒤 천장 단열을 한 후 석고로 덮어 도배를 하기도 하고, 대들보도 살릴 수 없는 상황이라면 이미테이션 서까래를 만들기도 한다. 미송 합판으로 사각 서까래를 만드는 것이다. 통나무를 사용한 서까래 연출도 가능은 하지만, 공정의 난도가 높고, 건조 상태에 따라 나무 가격도 천차만별이라 미송 합판을 사용하는 편이다.
현대적인 몬드리안 디자인 또는 서까래 모양 연출도 얼마든지 가능하니, 서까래를 살리지 못한다고 너무 상심하지 마시길.

핵심 2

구들은 시골집의 꽃입니다.

날이 추워지기 전에 잘 쪼갠 장작을 처마 밑에 쌓아 두면 곳간에 양식을 두둑하게 채운 것처럼 마음이 뿌듯하다. 아궁이에 활활 장작불을 피워서 방을 덥히는 구들은 시골살이의 낭만이자, 시골집의 꽃.

나의 첫 시골집 아궁이는 온가족의 피로회복제 역할을 한다. 엄마를 비롯해서 언니들 모두 서천집에 모이면 아궁이에 불부터 지핀다. 오며 가며 장작을 던져 두었다가 해가 지고 나면 구들방에 누워 허리를 지진다. 그러면 몇 달 묵은 피로까지 구들에 녹아 버리는 느낌이 든다. 그 맛이 좋아서 그런지, 나의 시골집 공사 의뢰인 대부분은 '구들방'을 갖길 소망한다.

없던 구들방을 만들기도 하지만, 구옥일 경우에는 구들방으로 쓰던 방이 더러 있어서 재시공은 훨씬 수월하다. 먼저 방바닥을 뜯어내고, 기존 구들을 들어낸 다음, 고래를 수선한다. 벽 밑으로 연기가 빠져나가지 않게 사방에 흙과 시멘트를 개서 발라 준다. 고래를 손봤으면 구들을 다시 촘촘히 얹어 주고, 흙을 개서 1차 펴 발라 준 다음, 불을 한 번 때서 연기가 새어 나오는지 확인한다. 연기가 새는 곳이 없다면 2차 방바닥 미장을 해 주면 된다. 만약 아궁이 불을 땔 때 연기가 차서 문제가 된다면 굴뚝에 팬을 설치하는 방법도 있다.

핵심 3

집의 근본, 지붕 구하러 올라갑니다.

“낙지를 먹여서라도 내 집을 일으켜 세워 주시오!”

아니! 힘없는 소를 낙지로 일으킨다는 말은 들었지만 집에다 낙지를 먹이라고?

대체로 십수 년 방치되었거나 평생 손도 안 대고 살아온 집들이 나를 찾아온다. 그래서 현장은 언제나 대수선에 어수선, 대공사에다 전쟁터의 형국이다.

한번은 별채의 기둥이 주저앉고, 벽이 기울면서 지붕의 반 정도가 누워 있다시피 한 집을 고치게 되었다. 더는 기울지 않도록 지지대만 보강하기로 했는데 주인의 마음이 달라졌다. 집을 벌떡 일으켜 달라는 조용하지만 강력한 어필!

가장 날씬한 작업자가 서까래 부분만 밟아 가며 지붕으로 올라갔다. 조심조심 기와를 내리는 작업을 시작으로 기둥 밑에 새 기둥을 세우고, 철근 지지대를 받쳐 가며 은근과 끈기로 기둥을 밀어 지붕을 들어 올렸다. 와! 환호성이 터진 감격의 순간이었다.

요즘은 기와도 패션의 시대. 슬레이트 기와, 컬러강판 소골 기와, 에스(S)골 기와, 스패니시 기와까지 다양한 편. 집의 분위기나 디자인 콘셉트에 맞게 고를 수 있다.

실내 공사만 하고, 비용 부담이 큰 지붕은 포기하겠다는 경우도 가끔 만난다. 지붕 상태가 양호하다면 전혀 문제가 없지만, 불안하다면 조금 더 신중하게 고민해 볼 것을 권한다. 날 것으로 자연에 노출되는 시골집 지붕은 계속 손을 보면서 살아야만 하는 애증의 존재이기 때문이다.

핵심 4

멋과 단열 사이, 이제 창과 문을 봅시다.

살짝 삐걱거리는 미닫이문, 한지 바른 창문, 나뭇결을 살린 문은 분명 매력적이지만, 시스템 창호보다는 단열 면에서 확실히 열악하다. 따라서 멋을 살리고 조금 춥게 살지, 시스템 창호를 선택할지를 충분히 고민해야 한다.

벽체를 모두 허물고 창과 문을 새로 짜 넣어야 하면 아무래도 본래의 빈티지한 느낌을 살리기 어렵다. 이럴 때는 단열을 선택하는 것이 방법. 단, 철거할 때 문짝과 창문을 떼어 손질과 갈무리를 해 두자. 옛집의 귀한 유산이 또 어떻게 쓰일지 알 수 없으니까.

나는 시골집을 개조할 때 규격화된 창문 대신 목공으로 짜 넣는 문을 선호한다. 그것도 방방마다 문의 모양이나 크기, 디자인을 다르게 만드는 데 일가견이 있다. 이 때문에 목공 전문가에게 지청구를 듣기도 하지만, 도무지 포기가 안 된다.

그럼 이제 멋과 단열, 두 마리 토끼를 사냥할 방법을 찾아보자. 먼저, 외부에서 볼 때는 섀시 이중창이지만 안쪽에 나무 창을 덧대어 고전적인 멋을 담을 수 있다. 반대로, 실내는 매끈한 유리창으로 마감하되 외부는 기존에 있던 나무 창문을 그대로 살려 달아 두기도 한다. 이렇게 목공이 결합된 창문의 매치로 디자인과 보온성을 모두 살리는 기술이다. 빈티지한 매력의 스테인드글라스 같은 것으로 색다른 멋을 더해도 괜찮다.
창과 문은 중요한 요소다. 얼마든지 실속과 매력이 공존하는 공간을 만들 수 있으니, 상상력을 풀가동해 볼 것을 권한다.

핵심 5

수납공간은 빈틈없이 만들어야 합니다.

오래된 시골집은 평수나 제곱미터로 계산하지 않고 '칸'으로 크기를 가늠한다. 세 칸이나 네 칸 규모가 보편적. 방 두 개에 마루, 주방 등이 전부라고 보면 된다. 쓸 수 있는 공간이 부족해서 화장실이 밖으로 나와 있는 경우도 많다.

살면서 문제가 되는 것 중 하나는 수납공간. 주말에만 내려오는 경우라면 상관없겠지만, 실제 가족이 생활하는 주거용이라면 수납용 방 하나쯤 따로 만들 각오를 해야 한다.

특히 짐이 많은 가족이라면 드레스룸이나 주방 팬트리는 없는 공간을 쪼개서라도 만들어야 하고, 현관 옆이나 주방 벽 등 틈새 공간은 어디라도 놓치면 안 된다. 문만 딱 닫아 두면 되는 창고처럼 만들어야 집이 숨을 쉴 수 있다.

애걔걔? 싶은 작은 공간이라도 세탁기와 건조기, 청소기 같은 가전제품의 자리를 따로 만드는 것도 중요하다. 방문 위쪽에 선반을 달아 공간을 넓히거나, 난방이 되지 않아 눈 밖에 난 자리도 예외로 두지 말고 활용하자.

핵심 6

시골집의 덤, 창고를 사수합시다!

마당이 그런 것처럼 시골집에서 얻을 수 있는 또 하나의 이득이 창고다. 오래된 시골집에는 꼭 덤처럼 창고가 딸려 있기 때문이다. 소나 돼지를 키우던 축사였거나 농기구를 보관하던 곳일 터다. 없어도 그만이니 철거하자는 집주인도 있지만, 그 덤을 살리는 재미를 놓치기 싫어서 설득을 하고, 다양한 쓰임을 만들고는 한다.

별도의 난방 공사만 하지 않는다면 창고에 큰돈이 들지도 않는다. 그저 칠을 하고 문을 달아 깔끔하게 비워서 새 창고로 쓸 수 있고, 독립적인 작업실로 만들 수도 있다. 생활공간과 한 발짝 떨어져 있는 이 공간이 사는 사람에게 주는 자유가 생각보다 크다.

아무것도 들이지 않고 그냥 비워 두기만 해도 좋다. 부자가 된 기분? 그런 것 같다. 무엇보다 살다 보면 변화가 생기게 마련인 라이프스타일에 이 조그만 여유 공간 하나가 주는 이상한 위안이 있다.

3장

그들의 집

열두 채의 시골집 그리고 에피소드

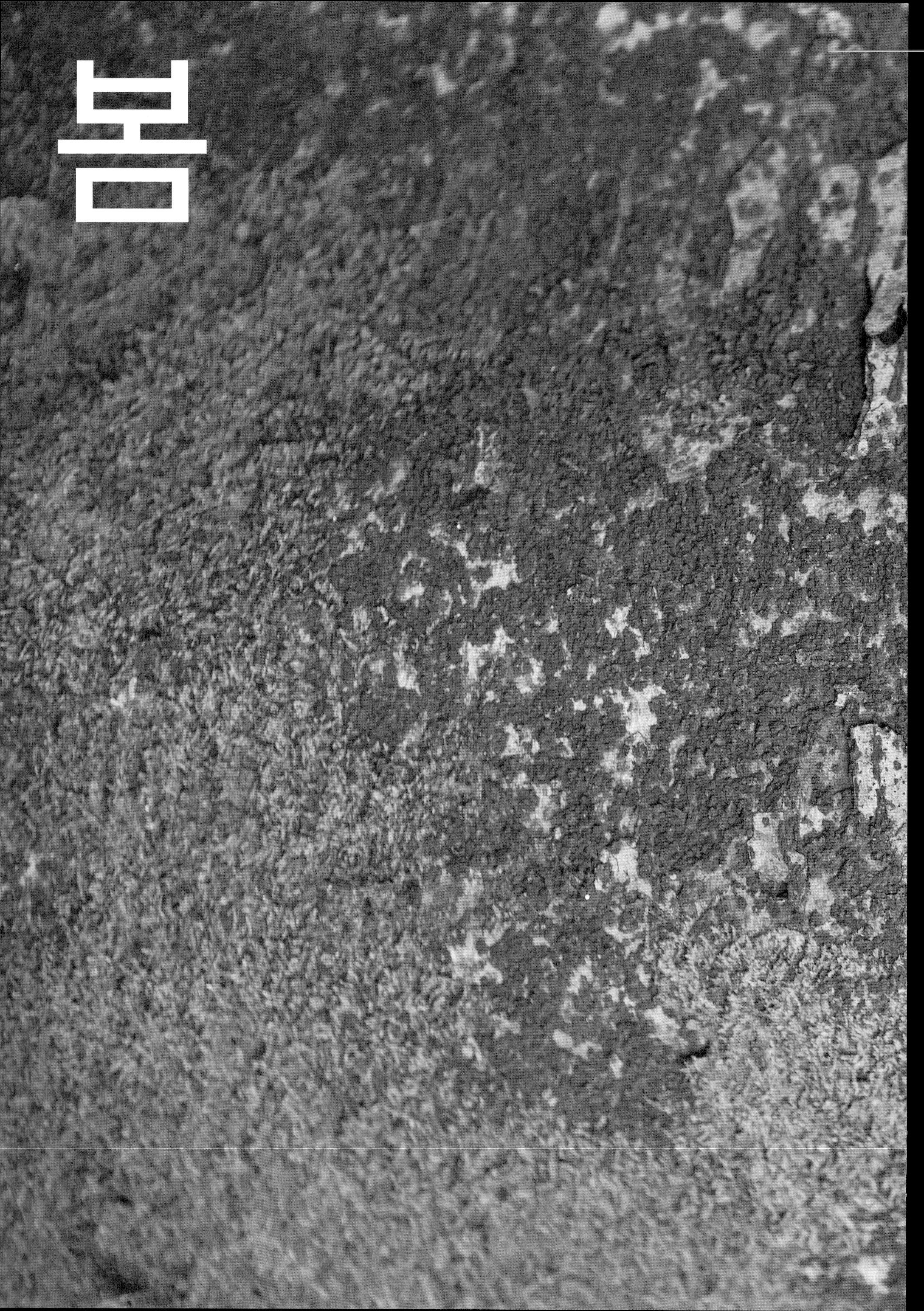

봄

봄날 같은 집을 만들고 싶어서

서천의 첫 집이 각종 매체를 통해 소개되면서 전화기에 불이 났다. 밤낮을 가리지 않고 울릴 정도였다. 그렇게 고치는 데 얼마가 드는지, 집 사진을 보내면 공사 금액을 알려 줄 수 있는지, 강원도 고성에도 와줄 건지…. 전국 곳곳에서 문의가 쏟아졌다.

처음 의뢰받은 집을 고칠 때만 해도 나는 범 무서운 줄 모르는 하룻강아지! 정말이지 겁도 없이 덤볐었다. 하지만 고치면 고칠수록 점점 어려워졌다. 시골집의 특성상, 허허벌판에 천막을 세워 놓고 현장 식구들에게 삼시 세끼 밥을 해 먹이며 공사를 진행했다. 무엇보다 화장실이 없는 게 가장 난감했다. 현장에서 무려 23킬로미터나 떨어진 화장실을 써야 하는 경우도 있었다.

철거 중에 집이 무너질 뻔하거나, 구들에서 겨울잠을 자던 뱀 무리를 만나거나, 팔목이 똑 부러지는 정도의 일이 수시로 일어났다. 하지만 이보다 더 답답한 일은 '여자라서 못 믿겠다!'라는 꼬리표가 늘 따라붙는 것. 특히 클라이언트의 가족 중에 "여자가 무슨 시골집을 고친다고!" 하며 못 미더워하는 사람이 꼭 한 명씩 있는데, 이 때문에 공사가 더디고 어려워진다.

집을 지으면 10년은 늙는다는 말이 맞다. 집을 짓거나 고치는 일은 난도가 아주 높은 종합예술이지만, 다행히 건축주와 마음만 잘 맞으면 신바람 나게 일할 수 있다. 반면 불신 때문에 공사가 지연되고, 결과물이 산으로 가는 일도 수없이 겪었다.

특히 철거를 하고 목공으로 뼈대를 만드는 초기 단계에서 정말 많은 사람이 훈수를 두는데 이때, 절대로 흔들리지 말아야 한다. 이 시기를 잘 넘겨서 목공이 끝나고 페인트 팀이 들어와 도색이 시작되면 지나가던 사람들도 걸음을 멈추고 구경한다. 물론, 반대와 훈수를 퍼붓던 이들의 표정도 바뀌기 시작한다.

도배를 마치고, 부엌 가구가 들어오고, 조명을 달아 불까지 밝힌다면? 감탄과 칭찬의 말들이 노래처럼 들려오고는 한다. 아마도 그 순간을 보기 위해 그 힘든 공사 과정을 견뎌 가며 끝내 수십 채의 집을 완성했던 것이리라.

혹한의 겨울 같았던 헌 집에 봄을 불러들인다. 따뜻하고 안락한 기운이 감도는 봄날 같은 집. 내가 오늘도 시골로 달려가는 이유다.

before

1 자주 찾아뵙겠습니다, 어머니! 가족 꿈동산이 된 노모의 집

강원 영월

천혜의 자연을 품고 있는 물 좋은 땅. 유적지가 많은 역사의 전당이지만, 요즘은 여행지로 영월을 선택하는 사람들이 많아졌다. 오래전 영화 〈라디오 스타〉의 무대가 바로 여기, 영월이기도 하다. 온화한 기후에다 동강, 서강, 주천강 등이 유명하고, 산과 강이 낳은 풍부한 식재료가 마음을 사로잡는 곳. 한번쯤 살아 봐도 좋을 매력적인 지역으로 추천한다.

대문을 열면 작은 오솔길

문을 열고 안채까지 조금 걸어 들어가는 마당은 오솔길을 닮았다. 저절로 발걸음이 가벼워지고, 사방 어디로 눈을 돌려도 푸르름을 감상할 수 있어 여행자가 된 듯한 기분이 들기도 한다. 진입로 가장자리의 한 뼘 공간은 꽃 대신 잎채소를 심어 작은 텃밭으로! 여기는 어머니의 소일거리 놀이터다.

유년을 보낸 그 마당에서 다시

"어릴 때 집을 고쳤던 기억이 있어요. 줄곧, 그때 모습 그대로입니다. 참 많이 낡았어요. 지금은 어머니 혼자 이 집에 사시는데 좀 편안하게 고쳐 드리고 싶습니다."

커다란 집인 줄 알았던 어린 날의 여기, 고향집. 어른이 되어 보니 늘어난 가족들이 한자리에 모이기조차 버거운 조그만 집이었다. 지금은 노모 혼자 지내는데 여러모로 불편함이 많다고 했다. 어머니가 생활하기에도, 가족들이 모이기에도 좋은 집으로 바꿔 보고 싶다는 요청이었다. 마음이 따뜻해졌다. 어머니가 좋아할 만한 집으로 바꿔 볼 참이었다.

집보다 마당이 넓은 시골집은 마루나 평상에 앉아 계절이 바뀌는 걸 바라보는 재미가 남다르다. 넉넉한 그늘을 드리워 주는 나무 아래에, 눕거나 앉거나 텐트까지 칠 수 있는 큼지막한 평상을 놓았다. 따로 테이블이나 의자를 둘 필요 없이 밥 먹고 쉬고 놀 수 있는 자리가 되어 준다.

영월 집의 하이라이트, 조적 노천탕

집 뒤쪽에 사람들의 시선이 닿지 않는 프라이빗한 공간이 있다. 그늘막 정도만 설치해 두고는 그저 버려두다시피 했던 곳. 이국적인 조적 욕조를 설치했다. 노모 혼자 탕 속에 몸을 담글 일이야 있을까마는, 온 가족이 모이는 날에는 아주 근사한 놀이터가 될 터였다. 높다랗게 쌓아 올린 돌담벽 때문에 해가 완벽하게 닿지 않는 곳이지만, 음지에서도 잘 자라는 식물을 심어 초록빛 공간으로 만들었다. 밤에는 반짝이는 전등 불빛만으로도 휴양지 분위기가 물씬 풍긴다. 좋다, 정말!

after

벽을 허물어서 시원하게, 가족 공간

정말 그랬다. 마당에 비해 실내 공간이 턱없이 작았다. 가족들이 모이기가 불편하다던 의뢰인의 말이 무슨 뜻인지 눈 감고도 알 수 있었다. 좁은 복도처럼 쭉 이어진 마루에 방이 줄지어 늘어선 답답한 구조. 옛집들은 대개 이런 식이었으니까.

개방감 있게 탁 트인 자리를 만드는 것이 나의 임무였다. 벽을 털어 버리기로 했다. 방법은 이것뿐, 묘수는 없었다. 천장도 당연히 허물어야지. 멋진 서까래가 숨어 있을 테니까.

after

당연히 있을 줄 알았던 서까래. 그런데 천장을 철거해 보니 서까래는 없었다. 오래전에 집을 고칠 때 기둥까지 모두 철거한 모양이었다. 천장을 보고 한숨 쉬고, 한 번 더 보고 또 한숨. 아쉬워하는 가족들이 마음에 걸렸다.

"걱정하지 마세요. 제가 서까래를 만들어 드리겠습니다."

대책을 세웠다. 천장은 허물었으니 벽까지 싹 없애고 대들보를 세우면 좋을 것이다. 하지만 내력벽은 철거 금지! 하는 수 없이 벽면을 곡선으로 오려서 지중해 분위기의 유럽 미장을 곁들였다. 딱딱한 일직선의 벽보다 외려 보기 좋은, 이 집만의 독특한 구조물이 되었다.
이제는 서까래 차례. 디자인과 목공의 매치로 현대적인 서까래를 만들었다. 반들반들 윤이 나는, 오래된 한옥의 고재만큼은 아니어도 나름 운치가 더해졌다. 무엇보다 가족 모두가 탄성을 지르는 공간이 되었다는 것이 나에게는 가장 큰 안도감을 주었다.

싱크대를 ㄱ자로 만들고 상부장 없이 선반을 두어 개 걸었다. 설거지하는 자리에서도 창밖을 바라볼 수 있는 구조다. 음식을 만드는 사람이 행복한 집을 만들고 싶다. 그래서 내가 고치는 대부분의 집 주방은 가장 좋은 자리, 넓은 공간, 뷰가 좋은 곳에 자리한다.

문과 창은 다 목공으로 제작했다. 일반 아파트처럼 섀시로 마감을 하면 수월했겠지만 굳이 번거로운 길을 택했다. 시골집에는 시골집다운 운치가 담겨야 마땅하므로. 벽면은 모두 화이트로 마감하고, 문과 창의 컬러에 맞춰 서까래 색을 통일했더니 묵직한 안정감이 느껴진다.

현관의 타일은 지중해풍 벽면 마감과 어울리는
아쿠아블루 톤으로 결정했다. 화이트와 우드를
주조색으로 마감한 공간에 산뜻한 숨을 더한다.

어머니의 잠자리 그리고 욕실

간혹 찾아오는 가족들에게 아낌없이 집을 내어주지만, 사실은 어머니의 집이다. 당신 혼자서 잠들고, 혼자서 아침을 맞고, 식사도 움직임도 모두 다 혼자 해결하는 버젓한 독립 공간. 가족들은 그 어머니에게 편안함을 드리고 싶다고 했다. 나 역시 그렇게 하고 싶었다.

어머니의 침실 벽면에 해묵은 나무틀이 남아 있었다. 고마웠다. 이 집과 함께한 세월을 말해 주는 흔적이니까. 곱게 살려서 포인트가 되게 했다. 조명은 가급적 숨겼다. 밤마다 푹 주무시라는 마음을 담은 배려였다.

방 가까이 딸린 욕실에는 뒷마당으로 통하는 문이 하나 더 있다. 야외 노천탕으로 나가는 문이다. 그 문에는 방충망도 설치했다. 씻을 때 문을 열어 둘 수 있도록. 돌담과 나무 그리고 하늘까지도 바라볼 수 있다. 도시에서는 도저히 만날 수 없는 묘미일 것이다.

2 인생 2막을 시작합니다, 남편이 태어나고 자란 이 집에서!

충남 서천 산정리

나는 어쩌다가 여기 서천에서 걸음을 멈췄을까. 도시에서의 삶에 염증을 느끼면서 시작된 '시골집 찾아 삼만 리'가 마침내 서천에서 닻을 내린 이유는 뭘까. 아마도 인연이었을 거라고 짐작한다. 땅과 나의 기운이 딱 맞아떨어졌을 것이라고. 나는 나지막한 산과 밭이 이어지는 서천이 좋다. 시골 어딘가로 내려와 정착하고자 하는 누군가에게 망설임 없이 서천을 권한다. 이 집도 서천, 산정리의 기품 있는 기와집이다.

"남편 고향이 서천이에요. 태어나고 자란 한옥이 그대로 있죠.

자꾸 그 집을 허물고 새로 짓자고 하는데 혹시 봐주실 수 있을까요?"

담담하고 깊은 멋의 선비 같은 집

집이 많이 망가진 모양이라고 지레짐작을 하면서 방문했다. 하지만 웬걸! 대문에 서서 이리 오너라, 외치면 돌쇠가 달려 나와 빗장을 열어 줄 것만 같은 기품 있는 집이었다.

5대째 이어 온, 100년을 훌쩍 넘겼다는 기둥과 보가 튼실했고, 마루의 나무도 두툼한 것이 아주 신경 써서 지은 집이 분명해 보였다. 집에도 기세가 있다면 이 집은 아마도 선비의 품격을 입은 것이리라. 그것도 유머 감각까지 장착한 이름 모를 어떤 선비!

어쨌거나 무려 10년 동안이나 사람이 살지 않아 방치되어 있던 다락도 살려 내고, 대문 옆 사랑방에 구들도 놓았다. 안방의 천장은 나무를 그대로 노출해서 모양을 내고, 두 개의 화장실은 식구들이 많이 모이거나 손님이 와도 전혀 걱정할 필요 없는 편의 공간으로 매만졌다.

대문에 들어서면 가장 먼저 만나는 사랑채. 구들을 살려 아궁이를 만들었다. 한 칸짜리 방이지만 군불을 때면 금세 후끈해져서 겨울이면 무릎 맞대고 모여 앉기 좋은 공간이 된다. 허리를 굽히고 들어오라고 속삭이는 작은 문이 정겹다.

창호지를 통해 햇살이 가득 들어오는 사랑채 방. 한지 덧바른 문이 담백하다. 흙과 나무, 종이만으로도 멋진 방이다.

사진 정면으로 보이는, 창고처럼 생긴 저 공간은 쇠죽을 끓이던 곳간이다. 말끔하게 단장해 안주인의 다실로 만들었다.

주방으로 통하는 정지문이다. 처마 아래에 선반을 달아 커다란 바구니를 올려 두었다. 수확과 갈무리에 요긴하게 쓰이는 바구니는 시골 살림살이의 터줏대감이다.

집을 이루는 모든 구조물이 예술 작품 같다.
커다란 도화지에 그림을 그려 넣은 것처럼.

뒤편에 있는 선산을 지키던 집이라 손대지 않고 둔 옛날 그대로의 모습을 발견하는 재미가 남다르다. 특히 방문과 벽장문, 창문과 부엌의 창살 무늬는 지금은 만들려야 만들 수 없는 앤티크. 소박한 듯 맵시 있는 창살 모양을 더듬어 보는 것만으로도 시간 가는 줄 모르는 곳이다.

이 집은 워낙 보존 상태가 좋기도 했지만, 되도록 아름다운 옛 분위기를 살리고 싶어서 세밀한 복원에 공을 들였다. 서까래의 묵은때를 벗겨 내고 다시 칠할 때도 유광이 아닌 100퍼센트 무광으로 코팅해 자연스러운 나뭇결을 살리려고 노력했다.

욕실에도 과거의 흔적이 잘 살아 있어 빈티지 타일을 곁들였더니 조화로운 멋이 배어난다.

비밀의 문이 있는 옛 풍경의 안방

큼직한 안방은 주방으로 나가는 쪽문과 쪽창, 다락방으로 올라가는 비밀문까지 갖춘 아주 흥미로운 공간이다. 기둥과 서까래를 중심으로 한옥의 운치가 제대로 담겨 있다. 앉거나 누워서 책을 보기에 더없이 아늑한 곳이다. 소반 하나에 방석 몇 개만 있어도 전혀 허전하지 않다.

네! 여기가 안방의 다락입니다.

안방에는 독특한 공간 하나가 딸려 있었다. 바로 다락. 안방의 쪽문을 타고 올라가면 나타나는 뾰족 지붕, 그 아래로 머리가 닿을 듯 말 듯 천장이 낮은 다락이 나타났다. 다녀 본 집들을 통틀어 처음 보는 멋진 구조였다. 창도, 문도 버릴 수 없었다. 부수고 새로 짓는다는 것은 가혹한 일이었다. 기존의 구조를 최대한 살려서 운치 있게 완성했다.

널찍한 부엌, 그 한옆에는

부엌은 입식으로 개조했다. 일반 한옥에는 두 개의 아궁이에 가마솥을 얹어 놓은 게 보통인데, 이 집은 세 개의 가마솥이 있어 규모 있는 살림집의 흔적을 엿볼 수 있었다. 아궁이와 가마솥은 모두 철거했지만 부엌에서 안방으로 통하는 조그만 문은 그대로 남겨 두었다. 굳이 방을 나서지 않고도 음식이 끓어 넘치지는 않나, 살펴볼 수 있는 귀여운 쪽문이다.

부엌의 찬장은 이 집 지을 때 같이 만들었다는 붙박이장 형태. 대를 이어 물려 온 그릇이 그대로 들어 있는 보물 창고다. 살림 좋아하는 사람이면 누구나 탐낼 법한데, 구식 살림 좋아하는 나 역시 한참을 어루만지며 감탄을 했었다. 현대식 싱크대와 모자이크 타일이 오래 묵은 살림살이와 잘 어울린다.

부엌의 정지문을

활짝 열어 놓으면

그 문으로 계절이

쏟아져 들어온다.

100년이 넘는 세월을

이야기로 품은

고혹적인 집,

참 아름다운 집이다.

3 파도가 일렁이고 있어요!
바다 정원이 있는 세컨드 하우스

사람들의 시선이 닿지 않는 뒷마당에 타일로 튼튼하게 마감한 욕조를 두었다. 겨울에는 온천으로, 여름에는 아이들이 물놀이할 수 있는 작은 수영장으로! 멀리 바다까지 보이니 이보다 더 좋을 수 없다.

경남 고성

서쪽의 연화산으로부터 낮아지는 평야를 지나 동쪽 끝으로 동해바다를 만날 수 있는 고성. 산과 바다를 모두 즐길 수 있다. 진주와 가까운 생활문화권이며 농업, 수산업은 물론 기계공업과 조선업까지 두루 발달했다.

거실 창 모퉁이에 바다가 들었다. 섬이 들었다.

헌 집이라고 다 같은 헌 집이 아니다. 거의 땅에 닿을 정도로 기울어진 집이 있는가 하면, 쓰러지지 않고 서 있는 것이 기특할 만큼 허름한 집을 만나기도 한다. 1년이면 대여섯 채의 집을 고치면서 뿌듯한 마음도 컸지만, 정신적으로나 체력적으로 힘든 집도 있었다.

이 집은 너무 힘들어서 이제 떠돌아다니는 공사는 그만하자, 마음먹었을 무렵에 내게로 왔다. 한겨레 아카데미에서 한옥 강의를 하다가 만난 집주인은 내 덕에 시골을 알고, 시골이 좋아졌다고 말하는 따뜻한 분이었다.

큰 방 하나에 거실이 있는 크지 않은 공간. 25평 내외의 집이다. 거실에 서서 바다를 볼 수 있는 매력적인 집. 한동안 세컨드 하우스로 썼는데 제대로 고쳐 보고 싶은 마음이 생겼단다. 사실 시골의 세컨드 하우스라는 게 그렇다. 쉬어야지, 하면서 들르지만 청소와 재정비로 하루 종일 일만 하다가 돌아오기 십상이다. 상주하는 관리인이 따로 있지 않은 한!

창호도 더 단단히 갖추고, 비바람이나 먼지를 물샐 틈 없이 방어하는 데 힘썼다. 큼직한 메인 주방과 거실, 방은 침실 하나, 여기에 욕실과 세탁실만으로 공간을 재구성한 뒤, 가끔 들러도 손 가는 곳이 없도록 하는 데 집중했다.

메인 테이블은 다 같이 모여 밥을 먹는 식탁이자 책도 보고 대화도 나누는 다용도 가구. 공간이 허락되는 한 큼직한 사이즈로 권한다. 2미터에 달하는 테이블도 과하지 않다. 클수록 더 많은 이야기를 담을 수 있으니까. 식탁 위에 로맨틱한 등을 달아 어둠이 내리면 집이 더 다정해진다.

언덕 아래 바다가 보이는 모서리 자리에 통창을 내서 경치를 감상할 수 있는 공간. TV가 따로 없으니 굳이 소파를 놓을 것 없이 여러 명이 둘러앉기 좋은 벤치를 짜 넣었다. 스툴 하나 놓으면 테이블이 되고, 창턱에 커피잔 놓고 하염없이 창밖을 바라보기 좋은 자리.

카페 같은 멋, 오픈 키친

살림살이를 많이 들여놓지 않을 작정이니까 주방 싱크대를 오픈형 나무로 짜맞추면서 상부장을 없앴다. 살림이 한눈에 보이면 주방 일도 편해지고 정리도 쉬워질 거다. 깊이 고민하다가 싱크대 상판까지 과감하게 나무로 짜맞췄다.

반신욕에 최적화된 욕실이다. 숲을 쏙 빼닮은 초록 타일과 작은 창에 담기는 계절의 이미지가 힘을 합쳐 피로를 풀어 주겠다. 좋아하는 와인을 곁들이며 반신욕이라니! 멋지다.

앞장에서 목놓아 외쳤던 독립 수납공간! 여기가 그 한 예다. 정말 작은 방 하나를 마련해 빨래터로 삼았다.

마음까지 누이는 고요한 침실

수도사의 방처럼 '간결하고 깔끔하게'를 모토로 꾸민 침실이다. 하얀 벽에 서까래만 드리워진 이 방에는 침대 하나와 선반만 두었다. 손바닥만 한 창문 하나가 단아하게 다정한 포인트 역할을 해 준다. 흔히 쓰는 테이블 스탠드 대신 천장에서 내려오는 동그란 펜던트 두 개를 쌍둥이로 설치한 것 역시 디자인의 묘미. 작은 방이라는 점을 감안해 조그만 붙박이 선반을 활용한 아이디어로 심플한 느낌이 더욱 도드라진다.

여름

호환마마보다 더 무서운 여름 그리고 비

세상에 내 마음대로 되는 일이 얼마나 있을까. 아무리 계획을 잘 세우고 철저히 준비한다고 해도, 일을 하다 보면 그대로 되지 않는다. 주변 상황이나 사람과의 관계로 노선을 바꿔야 할 때가 허다하니 말이다.
집짓기는 종합예술. 두세 달 동안 100여 명의 사람이 힘을 합쳐 진땀을 흘리며 일을 해야만 완성이 된다. 여기에 하나 더. 하늘이 돕지 않으면 일정을 맞출 수가 없다. 공사 도중에 갑작스러운 큰비나 태풍이라도 만나는 날에는 하늘이 노래지면서 난감하기 짝이 없다. 지붕 공사를 마친 후라면 그나마 걱정이 덜하지만, 허허벌판 같은 공사 초반에는 타격이 말도 못 한다.

비가 내리면 공사 현장은 비라는 이름의 적과 싸우는 전쟁터가 된다. 비가 잠시 소강상태가 될 때를 기다렸다가 자재를 들여오고, 비에 젖지 않도록 큰 천막으로 덮는다. 일했다 멈췄다를 반복해야 하니 일의 속도는 굼벵이 달리기하듯 느릿느릿, 속이 터진다.

조적 팀과 용접 팀을 불러서 일단 대기시키고, 빗줄기가 약해지기만 기다렸다가 소나기 식으로 작업을 한다. 대충 천막을 쳐 놓은 채 비를 피해 작업을 하는데, 천막 사이로 빗물이 고이고 그 빗물은 이내 물주머니를 만든다. 인부들이 저마다 바쁜 사이, 나는 긴 막대기로 그 물을 뺀다. 코미디가 따로 없다.

일정이 늘어나면 공사비도 당연히 늘어나고, 속은 타들어 간다. 다이어트를 할 때는 1킬로그램도 안 빠지더니, 비 내리는 현장에서는 5~6킬로그램도 순식간이다. 나만 그럴까. 비를 맞아 가며 공사하다 보니 팀 전체의 체력도 밑바닥이다. 죽지 못해 일한다는 게 이런 거구나, 싶을 만큼.

그중에서도 섬 공사가 제일 어려운 것 같다. 운반비도 부담스럽고, 일정도 부정확해 공사 기간을 예측할 수가 없다. 비바람 부는 날은 배도 뜨지 않아서 자재 수급 또한 원활하지 못하다. 이런 이유로 섬 공사를 반대하는 팀원들이 많았다. 그래서인지 효자도나 제주도 같은 섬에서 일했던 기억이 가장 뜨겁고 선명하게 마음속에 남아 있다.

4 팔렸던 옛집을 다시 샀습니다, 애틋한 추억 복원 프로젝트

충남 예산

온양, 당진, 홍성, 공주 등 네 갈래 교통로가 이곳으로부터 펼쳐져 있어 충청남도 북서부 지역 도로 교통의 중심이자 분기점 역할을 하는 요지. 물 좋은 덕산온천으로도 유명하다. 수십억 원을 들인 예산시장 활성화 프로젝트가 성공한 후 젊은 층의 유입이 늘어나 다른 지자체의 롤모델로 떠올랐다.

우물과 펌프 그리고 장독대

"조금 불편해도 좋으니 한옥 본래의 형태를 그대로 살렸으면 합니다."

엄마의 옛집, 엄마가 어린 시절부터 줄곧 살아온 집이랬다. 오래전에 팔린 집을 복잡한 경로를 거쳐서 어렵게, 어렵게 다시 구입했다고. 이 집을 되도록 예전 그대로 되살리고 싶다는 요청이었다. 따뜻한 진심이 느껴졌다. 복원을 통해 그 집에 담긴 추억까지 데려오고 싶어 하는 그 마음이.
11자 형태의 아담한 이 집은 지은 지 100년도 넘었지만 상태가 나쁘지 않았다. 튼실한 서까래와 기둥, 보와 마루를 그대로 살리고 무엇보다 마당의 우물과 장독대까지 최선을 다해 살려 냈다.
더구나, 두레박으로 물을 길던 우물은 요즘은 찾아보기 어려운 리얼 복고 아이템이 아닌가. 하지만 실제로 사용하게 되지는 않을 것 같아서 우물에 타일을 붙여 장식하고, 두꺼운 유리를 덮은 뒤 짝꿍처럼 구식 펌프도 설치했다. 농사를 짓지 않더라도 흙 밟고 사는 시골살이에서는 마당의 수돗가가 아주 요긴하다. 장독대 옆 수돗가 자리에서 몇백 포기 김장도 거뜬할 거였다.

근대의 흔적이 살아 있는 디자인은 묘하게 끌린다. 열심히 흉내 내서 만들어도 오롯한 그 멋은 나지 않는다. 어쩜 이렇게 아름다울까, 싶은 오래된 나무와 유리가 아주 보물이다. 오래도록 사람 손길이 닿지 않아 화가 난 나무를 사포로 다듬고 기름칠해 달래면서 참 행복했다.

고장 난 창과 문도 수리·수선으로 다시 제자리에

대청마루 앞쪽에 미닫이문을 달아 놓은, 긴 복도식 마루가 있었다. '이 집의 얼굴은 바로 미닫이 유리문이구나!' 싶을 만큼 예스러운 멋과 낭만이 깃들어 있었다. 문제는 기능. 나무가 틀어지면서 기울고 뒤틀려 잘 열리지도, 닫히지도 않는다는 것. 게다가 시스템 창호가 아니라서 추위를 이기기 어려울 수도 있다.

"추워도 감수해야죠. 어릴 적 엄마도 이렇게 살았을 테니…. 저도 할 수 있어요."

얼마나 고맙고 든든한 말이었는지! 집주인의 굳은 의지 덕분에 옛 정취를 고스란히 살려 낼 수 있었다. 다 뜯어서 레일을 손보고 깨진 유리를 갈아 끼운 미닫이문은 이제, 스르륵 스르륵 잘도 열린다.

오래된 유리창이 보물처럼 남겨져 있었다. 지금은 찾아볼 수도 없는 아련한 꽃무늬의 반투명 유리창은 다시는 구할 길 없는 빈티지 아이템. 한국에는 만드는 곳이 별로 없고, 대개 중국산을 수입한다.

종이 장판을 깔았습니다만

한옥이 지닌 특별한 멋 중 하나는 콩기름을 먹인 종이 장판이다. 예전에는 종이를 붙인 뒤 콩기름을 먹였지만, 요즘은 아예 콩기름을 먹인 종이 장판이 출시돼서 시공이 한결 편해졌다. 하지만 여전히 종이 장판 시공에는 전문가의 실력이 요구된다. 실크 벽지를 도배하듯, 바닥에 초배지를 붙이고 그 위에 장판을 얹어야 하는 까다로운 작업이기 때문이다.

바닥에 딱 붙일지, 살짝 띄워서 시공할지에 따라 감촉도 달라진다. 눈으로 보기에는 별반 다를 바 없는 듯해도 걷거나 만져 보면 확실히 차이가 있다. 띄워서 시공하면 퐁퐁 떠 있는 공기층이 느껴져 좋다는 사람, 그래서 싫다는 사람이 있다. 반대로 딱 붙여 놓으면 매끈하지 않은 바닥의 티끌이 다 보여서 신경 쓰인다고도 한다. 한옥은 정말 어렵다.

하나부터 열까지 취향을 체크해야 하는 결정의 연속. 바닥 종이 장판을 밀착시키느냐 마느냐를 2박 3일 고민해야만 집이 완성되니 말이다.

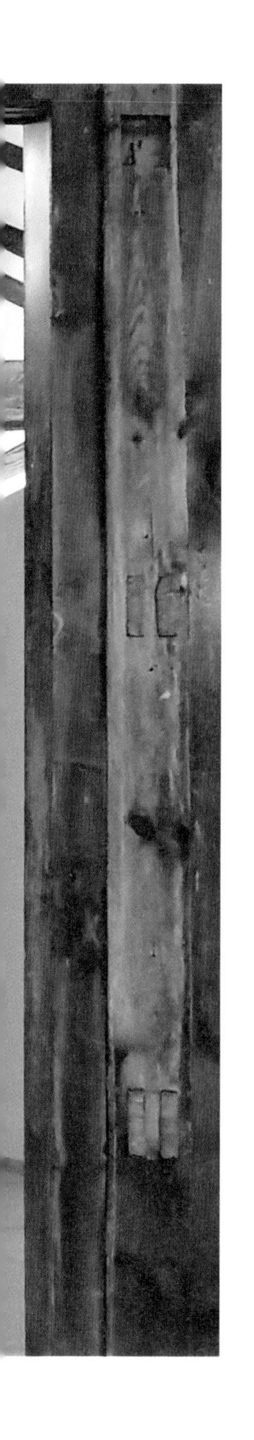

방의 개수를 자유자재로, 한지 폴딩 도어

미닫이문 앞에 칸칸이 줄 서 있던 세 개의 방을 하나로 크게 텄다. 공간을 큼지막하게 만들어 놓은 뒤 필요에 따라 두 개의 방으로 나눠 쓸 수 있으면 좋겠다는 의견을 고려해 폴딩 도어를 제작했다. 닫으면 두 개의 방. 한두 쪽만 밀어서 공간을 슬쩍 오픈해도 좋고, 몽땅 열어서 탁 트인 큰 방으로도 쓸 수 있다.

한옥에 어울리는 폴딩 도어 디자인 때문에 한참 동안 고민하다가 목공 맞춤 문으로 결정했다. 미송 합판으로 디자인해서 제작하면 디자인이나 크기를 마음대로 조절할 수 있어 사이즈가 제멋대로인 한옥에 제격이다. 나무를 잘라서 틀을 만든 뒤 한지를 발라 마감했더니 품위 있는 한옥 분위기가 제대로 살았다.

남들은 신경 쓰지 않을 수도 있는 작은 디테일에 울고 웃는 게 디자인하는 사람의 남모를 재미다. 전부 한지로 바르면 답답할 것 같아서 문 중앙에 격자무늬 유리창을 끼워 마감했다. 좋았다. 나만 아는 기쁨일 수도 있겠지만!

한지 붙여서 완성한 폴딩 도어와 찰떡궁합이 되라고 붙박이 수납장의 문짝도 같은 디자인으로! 방문인지, 수납장의 문짝인지 헷갈리지는 않겠지, 하면서.

부엌과 욕실은 간단명료하게

나무문과 나무창, 대들보에다 서까래까지! 집 자체가 품고 있는 매력적인 요소들이 부엌과 욕실에도 담겨 있다. 구석구석 한옥의 운치가 묻어 있는 집.
싱크대는 화이트로 심플하게, 바닥도 잔잔한 컬러 타일로 조용히. 어쩌면 심심할 수도 있을 만큼 가만가만 꾸려 낸 부엌이지만, 천장이 큰 역할을 해 주어 조화롭게 완성되었다.
욕실도 그렇게 했다. 브라운과 베이지 타일만으로 깔끔하게. 그런데 이번에는 창문이 도와주었다. 여닫이식의 한옥 창문이 분위기를 한껏 고조시켜 준 셈이다. 이래저래 한옥은 참 고맙다.

기존에 달린 문을 떼어 내고 다시 똑같은 사이즈로 이중문, 여기에 방충망까지 더해서 삼중문을 짜 넣었다. 문 바깥쪽으로는 유리창을 끼우고, 안쪽으로 한지를 발라 필요할 때는 시선을 가리고, 원할 때는 바깥 풍경을 감상할 수 있다. 큼직한 유리에 균형 잡힌 비율로 나뉜 문살이나 창살은 우리 집만의 개성을 더하는 포인트가 되어 준다. '세상에 하나밖에 없는' 우리 집 디자인 말이다.

5 부분 공사를 하고 싶습니다, 뒷마당에 테라스 만들기

전남 광양

광양읍은 순천시와 인접한 곳으로 순천의 자연환경을 함께 누릴 수 있다. 순천, 여수, 목포에 이은 제4의 도시지만 광양제철소의 영향으로 소득 수준은 2위. 전라남도와 경상남도의 경계 지역이라 여러 지역 사람들이 모여 산다. 산업 도시지만 남해안에서 파고든 광양만이 있고, 섬진강 하구도 접해 있어서 자연환경이 뛰어난 곳이다.

사람도, 식물도 좋아하는 온실

"거실에서 훤히 보이는 집 뒤편이 너무 답답해서요. 무슨 방법 좀 찾아 주실 수 없을까요?"

구례에서 공사를 하고 있을 때였다. 광양에 사는 블로그 이웃이 내가 구례에 있다는 소식을 듣고 연락을 했다. 잠시 짬을 내어 찾아가 보니, 신축한 지 얼마 안 된 집이었는데 집 뒤쪽으로 덧처마를 길게 낸 것이 답답해 보였다.

아내는 꽉 막힌 뒤쪽이 답답해서 싫고, 다육이를 즐겨 키우는 남편은 겨울에 다육이들을 들여놓을 공간을 만들고 싶다고 했다. 그렇다면 유리 온실을 만들어야 할 텐데, 집 뒤쪽이라 해가 잘 안 들 수도 있을 것 같아 망설여졌다. 그런데 부부가 동시에 나의 걱정을 씻어 주었다. 겨울철 오후에는 뒤쪽으로 해가 든다고 하면서 유리 온실 대찬성!

반투명의 간유리와 투명 유리를 섞어 끼워서 디자인했다. 양쪽으로 잡아당기면 활짝 열리는 폴딩 도어 디자인이다. 환기할 때만 잠깐 열어 두니까 방충망은 생략했다.

완성하고 보니 생각보다 규모 있는 공간이 되었다. 속이 탁 트일 만큼 널찍하다. 가벼운 운동을 할 수 있을 테고, 빨래를 말리기 좋을 거다. 브런치나 바비큐 파티를 즐기기에도 충분할 터. 무엇보다 다육이 키우는 취미가 생겼다는 남편의 자유로운 작업 공간이자 전시 공간도 될 수 있겠다.

툇마루의 기분을 한껏 녹여서

방부목 데크가 있던 뒷마당을 철거하고 바닥을 돋운 뒤 섀시 틀로 온실을 만들었다. 한옥에 살고 싶은데 신축을 하게 되어 그 소원을 이루지 못했다는 안주인의 말에 툇마루를 떠올렸다. 툇마루에 나와 앉은 것 같은, 그런 공간이면 좋겠구나 싶었다.

거실 섀시 문 앞쪽으로 낮은 툇마루를 만들었다. 야외라면 방부목을 써야 했겠지만, 실내 공간으로 끌어들였으니 오래된 툇마루 느낌을 살릴 수 있었다. 맨발로 나와서 식물도 가꾸고, 해 질 녘 툇마루에 앉아 막걸리 한잔 기울이기 좋은 공간으로 탄생했다.

자연을 집 안으로
데리고 들어온 기분

뒷마당 쪽으로 햇살 품은 선룸을 만드는 작업은 마당을 실내로 끌어들일 수 있어서 각광받는 스타일. 나도 첫 번째 서천집에다 뒤늦게 선룸을 만들었는데, 천장 유리를 청소하는 일이 조금 번거롭기는 하지만 나머지는 모두 다 만족하며 쓰고 있다.

이 집의 테라스는 온실처럼 만들기로 결정했다. 둥글둥글한 바위가 쌓여 있는 산자락인데 보기에 썩 아름답지는 않아서 유리 창문으로 멋을 냈더니 오히려 작품 같은 뷰가 완성되었다.

6 편안하게 지내셨으면 좋겠어요! 부모님을 위한 선물 같은 집

충남 부여

백제의 마지막 도읍이었던 세계 유산의 도시. 21세기에야 롯데리아가 들어왔을 만큼 개발이 더디고, 그만큼 농촌 문화를 많이 간직하고 있는 곳이기도 하다. 수박, 멜론, 버섯, 밤 등의 농산물로 유명하다. 전라북도와 가까워 맛집이 많고 관광 도시로 발돋움하고 있는데, 다른 곳보다 멋진 카페가 많이 들어서 있는 것도 부여군의 특징이다.

자식 이기는 부모 없다는 말

가운데 창고를 끼고 주방, 안방, 건넌방으로 구성된 ㄷ자 형태의 이 집은 나이 든 부모님이 살기 편하게 고치고 싶다며 딸이 의뢰했다.

"제가 늦게까지 공부를 했어요. 저희 부모님께서 고생하시며 뒷바라지를 해 주셔서 가능했지요. 이제 제가 보답을 해 드리고 싶어요."

친정어머니가 무릎 수술을 받은 터라 좌식 생활이 힘든 상황. 의뢰인은 최대한 빠른 시일 내에 공사를 시작하고 싶어 했지만, 부모님은 딸에게 부담을 주기 싫어 공사 자체에 협조적이지 않았다.
"그냥 살면 되는데 뭐 하러 쓸데없이 돈을 쓰는 겨?"
"한두 푼 드는 것도 아니고, 냅둬라!"
두 분 모두 잔뜩 화가 난 듯, 눈살을 찌푸리며 안 해도 된다고 만류해서 영 난처했는데, 의뢰인이 강경하게 공사를 추진했다. 결국 큰딸을 못 이긴 부모님은 집 앞 비닐하우스를 개조해서 공사 기간 동안 그곳에서 지냈다.

노부모의 편리만 생각하면서

짐을 옮기면서 묵은 살림을 대대적으로 버리고 재정비한 것은 큰 수확이었다. 꼭 쓰는 살림만 남기고 모두 처분했더니 집이 널찍하고 환하다. 무릎이 불편한 어머니가 최대한 안정적으로 움직일 수 있도록 주방 동선을 짜고, 욕실에는 앉아서 씻을 수 있도록 타일 의자도 만들어 드렸다.

45일간의 공사를 마치고 두 분의 표정부터 살폈다. 어머니는 좋아하는 눈치였고, 아버지는 표정은 여전히 무뚝뚝했지만 감사하게도 이런 인사를 건넸다.

"참말 고생 많으셨어유!"

충청도 특유의 사투리로 선물처럼 안겨 준 그 말에 많은 의미가 포함되어 있음을 안다. 딸에 대한 고마움과 뿌듯함 그리고 땀 흘리며 일해 준 우리 팀에 대한 진심 어린 감사까지도!

처마를 살리고 증축해서 거실 공간을 만들었다. 마당을 바라볼 수 있게 소파를 배치했더니 가족들이 모이면 가장 좋아하는 공간이 되었다.

작지만 아늑한 두 어른의 침실

침실로 사용할 길쭉한 구조의 방이다. 아직 가구가 다 들어오지 않았을 때 촬영을 하기도 했지만, 딱히 가구 놓을 만한 자리가 없는 공간이기도 했다.
창문은 선반 역할까지 겸할 수 있도록 창턱과 창틀에 나무 선반을 질렀다. 서천집 1호에 직접 디자인해 만든 안방 창문이 예쁘다고 비슷하게라도 만들어 달라는 요청이 많았다. 이 집도 내가 디자인한 '애플창문' 요청에 기쁘게 만들어 드렸다. 까무룩 하기 쉬운 노년의 기억력을 믿을 수 없으니 자주 쓰는 물건은 무조건 잘 보이는 자리에! 오픈 선반 덕을 좀 보실 것 같다.
구옥 창문은 아무래도 난방에 취약하다. 어르신들이 겨울을 따뜻하게, 여름은 시원하게 날 수 있도록 단열에 신경을 썼다. 벽과 천장에도 단열재를 든든하게 채우는 건 물론, 창문 내부는 섀시로 마감하고 겉면에 또 한 번 목공 문을 덧대어 한옥이 가진 멋과 실속까지 모두 챙겼다.

넓지 않은 주방의 싱크대는 ㄷ자로 배치해서 어머니가 많이 움직이지 않아도 음식을 하거나 정리하기 편한 동선이다. 낡은 살림을 엄청 많이 처분하면서 아쉬워하던 어머니는 막상 공간이 완성되자 그 마음을 다 잊은 눈치였다. 살림이 많지 않아 상부장 없이 작은 선반으로도 충분한 공간이 되었다.

노년의 삶에는 그리 많은 게
필요하지 않다는 것을 안다.
그저 움직이기 편안하면서
쓸고 닦고 치우고 밥해 먹는
정도의 일상이 번거롭지 않은,
소박한 공간이면 충분하다.
이런 생각에 집중했던 집이다.

욕실 또한 길쭉한 복도 타입의 구조. 샤워기와 변기 주변에 안전 바를 달아서 어르신들에게 흔히 일어날 수 있는 위험 요소를 없앴다. 사진에는 없지만, 샤워를 할 때 옆으로 앉아서 씻을 수 있는 벤치도 하나 만들어 두었다.

7 첫눈에 반했던 꿈의 한옥이지요. 10년 만에 다시, 두 번째 리모델링

전남 영광

법성포 굴비의 생산지로 유명한 곳. 간척 사업으로 농지가 늘어났지만 염전도 넓게 퍼져 있어 바다 생활권에 가깝다. 원자력발전소가 들어와 지자체 지원이 좋아졌다. 파격적인 출산장려금에 힘입어 전국 출산율 1위를 기록하고 있을 정도. 백제 불교 최초 도래지, 원불교 영산성지, 개신교와 천주교의 순교지 등 종교 유적지가 많은 것도 특징이다.

before

after

내 것이면 좋겠다, 싶은 한옥을 만났다.

멋진 집을 만나면 가슴이 두근거린다. 솟을대문 양옆으로 놓인 문간방에다, 해묵은 나무와 단아한 기와로 시원스럽게 지은 정자가 있다. 네 칸 규모 본채의 튼실한 기둥과 서까래만으로도 얼마나 정성 들여 지은 집인지 알 수 있었다.

휴일이면 소문난 카페를 찾아다니며 차를 즐기는 취미를 가진 부부가 첫눈에 반해 마련한 집이다. 10년 전에 구입하고 손을 봤지만, 마음에 덜 차는 곳이 있어 다시 수리를 결심했다. 한옥 카페 같은 집이 되었으면 좋겠다고 했다. 따뜻한 기운이 감도는 그런 집.

마당 구경만으로도 시간을 잊는 꿈결 같은 집

방을 없애고 트인 구조를 만들어 카페처럼

구옥의 구조 그대로 작게 나뉘어 있던 공간을 탁 틔웠다. 벽을 철거하고 공간 배열을 다시! 카페처럼 트인 거실과 다이닝룸을 전면에 배치하고, 창문을 활짝 열어 개방할 수 있는 폴딩 도어를 달았다. 정원을 빙 둘러 심은 계절의 꽃들, 그 마당이 집 안으로 쏟아져 들어오는 자태다. 단열에 신경을 써서 춥지 않은 집을 만드는 것은 기본! 뒷마당 쪽으로 3미터가량 증축해서 욕실과 주방, 선룸 형태의 다용도실에 아들 방까지 만들었다.

한옥의 멋은 살리되 지나치게 전통적이지는 않도록! 이런 밸런스를 맞추려면 마감재가 중요하다. 예를 들어 한옥 찻집과 한옥 카페 스타일의 차이는 가구에서 나온다고 생각했다. 헤링본 무늬로 시공한 바닥과 서양식 테이블이 놓인 다이닝룸. 앤티크 가구와 조명이 한옥의 천장과 만나 이국적인 분위기로 완성되었다.

거실 옆 틈새 공간에 정지문을 달아 수납장을 짜 넣었다. 로봇 청소기가 지나다닐 수 있도록 문 아래를 살짝 띄웠다.

식탁이 놓인 다이닝룸과 소파가 자리 잡은 리빙룸은 연결된 하나의 공간이지만, 소파 옆으로 살짝 막아 둔 가벽 덕분에 성공적인 분리가 가능하다.

클래식한 다이닝룸과 증축해서 만든 부엌

많은 사람이 모여 앉아 식사를 즐기며 담소하는 그림이 그려진다. 천장을 비스듬히 받치고 있는 전통 서까래 사이로 유럽 빈티지 펜던트, 좁고 긴 나무 테이블과 서로 다른 의자들이 만나 동서양의 믹스 앤드 매치 풍경을 연출한다. 벽면을 빙 두른 ㄷ자 싱크대와 나무 선반으로 마감한 주방은 증축을 통해 확보한 자리다. 다이닝 공간과 부엌 사이의 바닥은 격차를 두어 시공하고, 빈티지한 블루 톤의 타일을 깔아 전체적인 조화를 이룰 수 있게 마무리했다. 상부장은 만들지 않았다. 그 대신 나무 창문을 달아 창밖을 감상할 수 있게 했는데, 이런 것이 마당 있는 주택에 사는 재미가 아닐까 싶다. 냉장고 틈새장은 부족한 수납공간을 위한 대안이다.

부엌 옆에는 또 하나의 부엌

주방 옆의 증축 공간은 천장까지 유리로 시공해서 선룸 형태로 만들었다. 캠핑 분위기를 느낄 수 있는 절묘한 제2의 부엌이다. 가만히 앉아서 하늘과 뒤뜰의 풍경을 감상할 수 있다.

이 공간에서는 차를 마시거나 간단한 식사도 즐길 수 있도록 주방과 통하는 작은 창을 내고, 보조 싱크대도 마련했다. 가족이나 지인들과 파티를 하기에 완벽한 공간으로 사람들이 북적이는 멋진 한옥 카페가 되었다.

틈새가 있으면 무조건 수납 시스템을 만드는 것이 시골집 꾸밈의 원칙! 안방에서 욕실로 가는 길목에 드레스룸을 꾸몄다. 좁은 공간이지만 미닫이문 붙박이장을 서로 마주 보는 형태의 11자 병렬로 배치해 활용도가 매우 높다.

가장 신경을 쓴 부분은 단열 그리고 뷰. 침실 전면에도 고정 창과 여닫이창을 시공하여, 정원이 방 안으로 들어올 수 있도록 디자인했다.

리조트다, 생각하며 만든 욕실

온전한 쉼이 가능한 공간, 여기는 욕실이다. 집 안에서도, 집 밖에서도 욕실 출입이 가능하다. 집 뒤쪽에 자리 잡은 욕실은 욕조에 몸을 담그면 뒤뜰이 한눈에 들어오도록 휴양지 리조트 분위기를 담아 보았다. 야외로 향하는 문은 두 짝 여닫이문. 그것도 섀시 문과 나무 문을 이중으로 시공해 단열은 물론 멋과 자연까지도 함께 즐길 수 있게 했다.

가을

가을 마당을 내다보며
잠깐의 수다

시골집은 주변 풍경이나 마당의 크기가 마음에 들어서 계약하는 경우를 많이 봤다. 실제로 마당은 시골집에서 빠질 수 없는 메인 공간. 다만 도시에서 낭만적으로 상상하는 것처럼 마당에 누워 별을 보거나 고기를 구워 먹는 일은 생각보다 그렇게 자주 즐기지 못한다.

한겨울과 한여름, 비 오는 날 등을 빼고 나면 봄가을의 몇몇 날이 오롯이 마당을 누릴 수 있는 시간이다. 그 나머지는 끝도 없이 솟아나는 잡초를 뽑고, 진흙탕이 된 바닥을 정리하고, 모기나 벌레와 사투를 벌이거나 눈 쌓인 길을 쓸어야 한다.

그래서 아웃도어 라이프를 즐길 수 있도록 지붕이 있는 창고를 만들거나, 해가 살짝 가려지는 뒷마당의 선룸 만들기를 좋아한다. 창문을 크게 내고 방충망을 철저하게 세팅해 집 안에서 바깥 풍경을 즐길 수 있도록 만들기를 추천하는 것도 그런 이유에서다.

엄마가 나를 낳고 결핵을 앓는 바람에, 젖도 떼지 못한 나를 할머니가 밥물을 끓여 먹이며 키우셨다. 고등학교 때까지 함께 살았던 할머니 집은 내가 좋아하는 딱 세 칸짜리 시골집이었다. 마당 앞으로 감나무가 있고, 그 앞으로 밭이 있어서 할머니가 수건 하나 쓰고 밭을 매면 어린 나는 감나무 밑 그늘에 앉아 흙을 가지고 놀았다. 그렇게 혼자 놀다, 놀다 지치면 감나무 밑동에 기대어 잠이 들기도 했던 것 같다.

처마 아래 대청마루, 장독대, 계절마다 다른 열매를 선물하고 그늘도 드리워 주는 과실수, 우물과 펌프가 있는 수돗가. 여기 이 집의 그림들은 내 어린 시절 할머니 집의 원형이기도 하고, 시골집을 꿈꾸는 사람들이 바라는 소박한 일상이기도 하다. 이런 '마당 라이프'를 잘 즐기려면 새벽부터 부지런을 떨면서 살아야 하겠지만!

8 가족이 자주 모여서 놀 겁니다!
5형제의 단란한 별장

전북 장수

지리산을 비롯해 덕유산, 팔공산, 대망산 등 사방이 산으로 둘러싸여 있는 내륙 산간 지방이다. 금강의 발원지가 있어 산 좋고 물 좋은 곳이라는 말이 딱 들어맞는 곳. 지리적 특성으로 여름에는 서늘하고 겨울에는 추운, 연평균 기온이 낮은 지역이다.

어머니의 집이고
동네 사랑방이자
5형제의 놀이터

조그만 한옥이 있고, 그 옆으로는 1970년대 새마을운동 당시 보급형으로 양산한 슬레이트 시멘트 집이 함께 서 있다. 어머니의 집이다. 5형제가 의기투합해서 고치려는 낡은 집이기도 하다. 쉬고 놀고 하겠다는 핑계를 대지만, 실은 어머니를 자주 찾아뵈려는 효심이 담겼다.

계단 올라 옥상에는 장독대, 시멘트 집에는 창고와 구들방, 한옥 본채에는 두 개의 방과 두 개의 화장실. 이 집의 구성이다. 5형제의 모든 가족이 내려와 모이기에는 공간이 영 부족했다. 슬레이트 창고와 안채를 연결해 ㄱ자 구조의 집을 만들기로 했다.

신축이 아니라 리모델링을 할 경우, 기존 구조를 최대한 살리는 설계가 합리적이다. 세금을 줄이거나 준공 허가를 받기에 유리하기 때문이다. 그래서 창고 자리까지 알뜰하게 활용했다.

창고가 있는 시멘트 집에는 군불 때는 구들방을 만들어 어머니가 동네 어르신들의 사랑방으로 쓸 예정이다.

before after

일일이 돌을 쌓았다. 이렇게 가지런한 새 돌담을 만들기 위해서!

수도를 숨겨 둔 펌프와 그 옆의 장독대도 새로 만들었는데 꼭 원래 있던 것처럼 잘 어우러진다.

말할 수 없이 예뻐진 별장, 아니 어머니의 집.

그득하게 쌓인 땔감 한옆으로 뻥 뚫린 창고가 보인다. 저 안쪽에 비밀의 아궁이가 있다.

창고 안에 부뚜막을 쌓고 큼직한 가마솥을 얹었다. 수도에는 샤워기도 달고 바닥은 타일로 마감했다. 식구들 모일 때면 부뚜막에 불을 지피고 둘러앉아 불멍을 하며 이야기 나누기 좋고, 비가 오면 삼겹살 구우며 빗줄기를 바라보는 낭만도 즐길 수 있다.

온 가족이 둘러앉을 공간으로 들어가 봅시다.

현관문을 열면 식구들이 모이는 메인 공간이 등장한다. 널찍한 식탁과 그 너머로 단정한 부엌. 싱크대는 증축한 자리에 앉혔다. 역시 창밖 풍경을 즐길 수 있도록 창을 내고, 섀시와 짜맞춤 나무 창문을 함께 달았다. 서까래와 잘 어울리는 정취에다 단열까지 동시에 해결한 셈이다. 싱크대와 아일랜드 조리대 하단은 서랍식으로 디자인해 누구든 쓰기 편리하도록!

다이닝룸의 메인 창은 섀시 창호와 목공 유리문의 조합. 활짝 열면 마당 풍경이 시원스럽게 들어온다.

자식들이 자고 갈 방은 텅 비운 다음, 빈 벽면 가득 나무 선반을 부착했다. 들고 온 가방이나 옷가지 등을 여기에 척척 얹어 두면 그만이다. 수납 가구를 따로 사지 않아도 되겠다.

ㄱ자 구조의 공간 모서리에 화장실을 두었다. 이 화장실은 창고 옆쪽의 구들방에서도 열리고, 본채 어머니 방에서도 열리는 투웨이(two-way) 구조다.

9

지리산을 헤매면서 찾았지요, 기어이 갖게 된 세컨드 하우스

전남 구례

지리산과 백운산 사이에 위치하며 남쪽으로 섬진강이 지나간다. 밀이 유명하고 산나물 같은 임산물도 풍부하다. 전남에서 인구가 제일 적은 지역이지만 관광객이 많이 몰린다. 화엄사와 고택 쌍산재, 운조루 등이 유명한데 특히 봄에 열리는 산수유 축제가 절정이다.

기와지붕까지 얹은 키 작은 황토벽 담장이 고즈넉한 멋을 전한다. 대문을 열면 높게 돋워 만든 장독대가 등장! 우리가 꿈꾸는 시골집의 로망을 얌전히 부어 완성한 집이다.

옛날 부엌문으로 쓰이던 정지문 안쪽은 식탁이 놓인 자리. 방충망과 유리 끼운 나무문을 달아 한여름 며칠을 빼고는 문을 열어 두고 살 수 있다.

비 오는 날이면 처마 밑에 앉아 멀리 산자락을 바라보기도 한다. 또 한 번, 집에 대한 고마움을 품게 되는 순간이다.

무쇠 펌프를 달아 둔 수돗가. 향수를 불러일으키는 시골집 마당을 고스란히 간직하고 싶어 정성 들여 가꾸고 있다.

시골집의 운치를 살리고 싶어서 대청마루를 놓았기에, 집 안으로 들어가는 큰 문은 주방 쪽으로 냈다.

툇마루로 올라가는 문의 앞쪽은 시멘트와 자갈로 마감했는데, 큼지막한 돌멩이를 마치 디딤돌처럼 박아 재미를 더했다.

부엌의 조그만 쪽창에도 방충망을 달아 두었다. 고재 창문의 분위기를 깨고 싶지 않아서 비슷한 느낌의 나무 프레임을 끼운 방충망으로!

지리산 자락이라는 이유만으로
직접 보지도 않고 계약한 운명 같은 집

"지리산이 좋아서, 지리산 밑에 작은 집 한 채 구하려고 몇 년을 헤맸어예~."

지리산을 사랑하고, 한옥을 사랑하고, 동물을 사랑하고, 꽃을 사랑하는 부부의 세컨드 하우스다. 부산에 살면서 주말이면 지리산을 오르는 취미로 경상도와 전라도를 오가던 부부. 지리산에 올 때마다 부동산에 매물이 나왔나 둘러봐도 마땅한 것이 없어 몇 해를 보냈다고 했다.

이 집이 매물로 나오자마자 와서 보지도 않고 계약금을 걸었다. 특히 마을의 끝자락, 그것도 아주 높은 지대에 있어 탁 트인 뷰가 백만 불짜리다. 다소 좁은 집의 단점을 모두 감싸는 환경이라 그저 고마울 따름이란다.
지은 지 60년쯤 된 이 집은 원래 마루가 없었는데, 지리산을 더욱 잘 즐길 수 있는 공간으로 꾸미고 싶어서 집 한쪽으로 데크를 시공했다. 주방과 연결된 테라스 공간을 만든 것. 집 어디에서나 지리산이 보이지만 이 테라스야말로 더욱 아끼는 '최애' 공간이다.
이 집을 고치고 나서는 지리산에 오르는 대신 집에 제일 먼저 들러 집 안의 모든 문을 활짝 열어 둔다. 비가 와도, 눈이 와도 마루에 앉아 바라보는 산이 말할 수 없이 아름답다.

폴딩 도어는 여닫기 쉽고 완전히 열린다는 것이 장점. 대청마루용 섀시로 안성맞춤이다.

운치 있는 대청마루

마루에 누워 하늘을 보고 싶다는 주인장의 꿈을 이뤄 주기 위해 없던 대청마루를 만들었다. 밟으면 삐걱거리는 대청마루. 여름엔 서늘하고 겨울엔 발이 시리지만, 마냥 좋다. 앉거나 누우면 세상 근심이 사라지는 느낌이다. 이 집을 고치고 나서는 지리산 등반 대신 집을 즐긴다. 눈비 오는 날에도 문을 활짝 열어 두고, 놀러 오는 고양이 밥도 챙긴다. 어른의 소꿉놀이, 아마 그런 거겠다.

주방은 식탁 하나 놓을 공간조차 안 나올 만큼 작아서 처마 끝까지 증축을 했다. 매일 살림을 하는 집은 아니니 가구는 최소한으로! 상부장 없는 일자형 싱크대는 창턱에 나무 선반을 달아 예쁜 살림살이만 놓고 산다.

짐이 없어 잠이 깊어지는 침실

주말에만 들르는 집이라 살림을 최소한으로 줄일 수 있었다. 소파, 침대 같은 덩치 큰 가구가 없으니 공간 활용이 쉽다. 메인 침실이라지만 반닫이 하나, 낡은 개다리소반 하나가 전부인 소박한 풍경이다. 깨끗한 이부자리를 깔고 잠드는, 그야말로 한식 침실인 셈이다.

before

10 폐허 같은 집을 살려 주세요! 원룸 타입 다이닝 스페이스

after

충남 서천 추동리

내 집이 있는 서천에서 꽤 여러 채의 집을 고쳤다. 여기는 서천 중에서도 추동리.
학이 날아오고 신선이 사는 땅처럼 아름다운 지역이라고 일컬어지는 곳이기도 하다.

야트막한 돌담에 나무 계단과 나무 울타리를 매치했더니 단아하고 아름다운 입구가 완성되었다.

툇마루는 돌계단과 디딤돌을 밟고 들어서지만, 부엌으로 들어갈 때는 나무 계단을 밟고 오른다.

부엌의 살창이란 원래 가마솥에 장작불을 때던 그 옛날에 공기가 잘 통하도록 만든 과학적인 요소다. 유리를 덧대어 리모델링했지만 옛 정취는 그대로 살아 있다.

해묵은 툇마루의 나무를 깨끗이 닦고 사포질을 반복해 본래의 모습으로 되살렸다. 기둥과 서까래 색에 맞춰 다시 칠하고, 적당히 반질거리는 느낌으로 코팅만 더해 주었다.

한옥집, 시골집의 운치를 가장 두드러지게 표현해 주는 것은 창과 문이다. 한국의 옛집이 품고 있는 이런 정취가 사라져 버린 것이 못내 아쉬울 정도. 이 집은 섀시 대신 목공으로 이중창을 만들었는데 무엇보다 햇살을 실내로 잘 끌어들이는 디자인으로 완성했다.

사람의 손이 닿지 않았던 폐허의 변신

20년 가까이 방치되어 가시덤불로 뒤덮여 있던 집. 나무를 헤집고 탐험하듯 들어가야 했을 정도로 낡은 곳이었다. 사람의 손이 닿지 않은 집은 이렇게 금세 생기를 잃는다. 이름 모를 나무가 집보다 더 크게 자라나 있고, 대나무가 집 안까지 점령해서 흙벽은 다 허물어진 상태였다. 기둥도 물기를 먹어 썩어 있었다. 집이 무너지지 않고 서 있는 것이 신기했을 정도.
새로 짓는 것보다 더 어렵게, 구사일생으로 집을 일으켜 세웠다. 안방 자리 앞의 대청마루는 살리고, 살창 앞으로 싱크대가 놓이기를 원했던 주인의 바람에 맞춰 공간을 구성했다.

after

방을 없애다. 면적을 확보하기 위해서!

안방 옆에 바로 부엌 하나가 놓여 있던 원래의 구조를 살려 볼 생각이었다. 방 하나에 부엌 하나 정도는 가능하지 않을까, 싶었는데 막상 공간을 쪼개어 보니 좋은 선택이 아닌 것 같았다. 과감하게 툭 터서 오픈했다. 부엌과 식당이 믹스된 완전한 다이닝룸으로. 싱크대를 널찍하게 배치하고, 텅 빈 공간에 큼지막한 식탁을 하나 놓았다. 주로 상업 공간에서 많이 사용하는 에폭시 코팅으로 바닥을 마감했더니 카페 같기도, 레스토랑 같기도 하다.

모로코 패턴의 블루 타일을 시공해 시원스레 넓어진 주방은 집주인이 특히 흡족해한 공간이다. 전망 좋은 곳에 편안한 나무 식탁 하나 두었더니 외국의 작업실이나 스튜디오 같은 멋스러운 공간이 되었다. 원룸 타입의 이 본채는 단독 다이닝룸처럼 사용하고 있는 중. 생활을 위한 두 개의 방과 욕실은 외부에 별도로 마련되어 있다.

겨울

장작불 지글지글한 시골집의 겨울 냄새

장작 한 트럭을 들여 차곡차곡 쌓아 놓으면 마음이 그렇게 든든할 수가 없다. 사계절의 변화를 온몸으로 느낄 수 있는 시골집은 그 집이 들어앉은 지형에 따라 구조가 달라지며, 대부분 겨울을 대비한 모양새로 집을 짓는 경우가 많다. 특히 섬 지역은 비바람이 잦아서 낮게 웅크린 모양으로 짓는데, 의외로 지붕은 집의 반을 차지할 정도로 큼직하다.
남쪽 지방의 집은 마루가 넓고 바람이 잘 통하는 개방형이 많은 반면, 북쪽으로 올라갈수록 추운 겨울을 대비해서 ㅁ자 구조로 되어 있는 것을 자주 보게 된다. 그래도 홑창에 창호지를 바른 옛집들은 가혹하리만치 추운 경우가 많았다. 외풍, 웃풍, 황소바람 등 집의 추위와 관련된 말이 참 많은 것도 옛날 집들이 그만큼 추워서일 것이다.

집을 고치면서 많은 의뢰인이 공통으로 하는 말은 겨울에 따뜻했으면 좋겠다는 것이다. 나 역시 더위보다 추위를 못 참는 편이라 백번 이해하고도 남음이 있다.
집의 따뜻함은 철저한 단열과 시스템 창호에 달렸으니, 돈을 많이 들일수록 효과적이라는 게 슬픈 현실이다. 가장 기본이 되는 방법은 현관 중문. 황소바람을 피하면서 집 안의 온기를 오래 가둬 둘 묘안이다.

문제는 비싸기로 악명 높은 시골의 기름보일러다. 심야 전기보일러, 전기장판, 순간온수기나 전기히터 같은 갖가지 방법을 동원해야만 하는 이유다. 내가 큰돈 들여 태양열 발전기를 설치한 것도 이 때문이고. 하지만 미리 고백하자면 태양열 발전기는 아직 절반의 실패에 가깝다. 전기세 걱정 없이 살겠다고 호언장담했지만 전기세 폭탄을 피하지는 못했으니 말이다. 초기 비용을 다 건지려면 겨울을 얼마나 더 지나야 하려나….
어떤 집에는 보일러 열선과 아궁이를 동시에 설치하기도 했다. 바닥을 다른 집보다 두껍게 시공한 뒤 보일러 열선을 깔았던 것. 여기에 아궁이 힘까지 보태면 제법 효과가 좋다. 온도가 높아지기까지 시간이 좀 걸리기는 하지만, 온기가 오래가서 만족하며 쓰고 있다는 후기를 전해왔다.

펄펄 끓는 온돌방에 누워 추위에 지친 몸을 지지는 일, 이불 뒤집어쓰고 장작 아궁이에서 구워 낸 고구마를 먹는 일. 흔히 말하는 시골집의 겨울 정취는 사실 꿈이 아니라 현실에서 비롯된 셈이다. 아궁이보다 더 좋은 대안이 별로 없으니 말이다. 시골집의 겨울 난방에 대한 나의 고민은 현재진행형이다. 그럴수록 우리나라 좋은 나라의 좋은 아궁이에 대한 감사가 넘친다.

11 집 한 채가 그냥 비어 있어서요.
양옥과 한옥이 공존했던 집

충남 홍성

충청남도 도청 소재지로 7개의 군 지역 가운데 인구가 가장 많은 곳. 평야도 넓고 서해안의 남당항을 끼고 있어 농업, 축산업, 수산업이 고루 발달했는데, 특히 홍성 한우가 유명하다. 2024년 '농어촌 삶의 질 지수 평가'에서 가장 살기 좋은 지역으로 인정받았을 만큼 문화 인프라가 좋다.

대를 이어 지켜 온 노모의 보물 창고

대대로 내려오던 한옥을 부수기는 아깝고, 그렇다고 그냥 살기에는 불편해서 부분적으로 양옥 형태로 수리하는 경우가 있다. 시골집 중에서 이런 집이 꽤 많은 편이다.

이 집도 옛날 한옥과 1970년대에 새로 지은 양옥집이 공존하는 11자 형태였다. 양옥으로 고쳐 놓은 공간에 어머니가 살았는데, 몸이 편찮으신 뒤로는 아들 며느리가 자주 들러 돌봐 드리고 있다고 했다. 그러다 아예 한옥까지 고치기로 마음먹은 모양이었다. 비워 둔 한옥을 살기 편하게 고치고 싶다면서 부부가 나를 찾았다.

허름한 대문과 사랑방이 있는 네 칸짜리 한옥이었다. 네 칸이면 잘사는 집에서 신경 써서 지은 경우가 많다. 아니나 다를까. 서까래나 기둥, 마루 등이 윤기를 잃기는 했지만 상태가 나쁘지 않았다. 무엇보다 어머니가 대대로 물려받아 쓰던 그릇과 가구 등 탐나는 빈티지 살림이 엄청 많이 남아 있는 보물 창고였다.

오래된 찬장과 그릇들. 찬장의 미닫이문에 끼워진 유리를 매만지고, 100년은 넘은 것 같은 사발과 공기를 쓰다듬으며 옛사람들은 모두 다 예술가였던 것 같다고 생각했다.

주 생활공간인 안채가 따로 있다 보니 디자인이 자유로웠다. 일단 바닥에 보일러 공사를 하는 대신, 모든 공간의 구들을 살려 군불을 땔 수 있게 한 뒤 바닥에는 에폭시 마감을 했다. 구들을 잘 놓은 집은 불이 잘 들어오고 온기도 오래가서 보일러를 이길 정도다. 한여름 더위를 제외하고, 적절하게 불을 때면 비 내리는 장마철부터 한겨울까지 쾌적하게 사용할 수 있기 때문이다.
현관문은 청록색에 스테인드글라스를 끼워 아티스트의 작업실 같은 분위기! 시골로 내려온 뒤 취미인 꽃 가꾸기에 본격적으로 뛰어들었다는 안주인은 시내의 화원에 꽃을 납품하기도 한다.

새벽이슬 맞은 꽃을 거두어 올리는 작업실 테이블은 공사 중에 나온 자재로 뚝딱 만든 것. 공사가 다 끝나고 마당에서 막걸리를 나눠 마시며 집주인과 함께 만들었다. 전문 목수가 보기에는 조금 허술할지 몰라도, 감각 있는 집주인의 마음에 쏙 들었다니 아주 뿌듯하다.

구들 옆 작은 문을 열면 안방으로 통한다. 이곳의 모든 살림살이는 어머니가 쓰던 오리지널 빈티지. 낡고 오래되어 방치해 두었던 것들이 보물처럼 아끼고 사랑해 주는 며느리를 만나 대접을 받게 되었다.

오래된 흑백 TV장과 작은 반닫이가 가구의 전부. 허전한 느낌보다 정갈하다는 인상이 먼저 드는 게 한옥의 매력이다.

고재를 적절히 사용한 욕실. 변기에 앉아서도 창문 너머로 보이는 풍경이 몇 번씩 바뀌는 걸 보는 재미가 있다. 창문 틀에 유리를 붙여 만든 화장실 거울이 운치 있다.

before

12 시골살이를 시작하려고 합니다. 무해한 삶을 꿈꾸는 부부의 집

after

전북 고창

서해안 곰소만 갯벌과 노령산맥 줄기의 선운산이 접한 천혜의 관광지. 다양한 특산물로도 유명한데 수박, 장어, 복분자 등이 주력 상품이다. 낙농업도 발달해서 매일유업 상하목장, 상하농원 파머스 빌리지 덕에 새로운 힐링 플레이스로 떠오르고 있다.

낡은 집을 보면 흔히 '다 쓰러져 가는 집'이라고들 하는데 실제로 이 집은 일정 부분, 쓰러져 있기도 했던 곳이다. 과연 될까? 숨은 그림 찾기라도 하듯 뼈대를 발견하고, 근육을 붙여 완전히 새로운 집으로 바꿀 수 있을까? 의뢰를 받은 나조차도 확신을 가질 수 없었다.

시골집 리모델링의 포문을 열다.

농가 주택 리모델링의 첫 삽을 고창에서 떴다. 바로 여기, 이 집에서.
남편 건강이 안 좋아 고향집으로 내려가 살 계획을 세운 부부였는데 우연히 방송에서 나를 보았다고 했다. 목소리에서 다급함이 느껴져서 급하게 상담 일정을 잡았다. 현장으로 달려가 보니 지난해까지도 어머니가 사셨다던 집은 금방이라도 쓰러질 것 같았다. 집 상태는 그렇게 안 좋은데 나 또한 문제였다. 도시의 집을 고치는 일과 시골집 공사는 천지차이다. 그런데 고쳐 본 시골집이라고는 2,000만 원 주고 샀던 내 집 딱 한 채! 이 노릇을 어쩐다…. 솔직히 걱정이 태산 같았다.
대체 무슨 용기였을까. 몰라도 너무 모르는 무식함? 무모함 덕분이 아니었을까? 무작정 견적을 뽑고, 구조를 짜고, 도면을 그렸다. 아무런 대책도 없이 덜컥, 계약금을 받았고 곧바로 작업팀을 꾸려 공사를 시작했다.
열정만으로 무모하게 덤빈 첫 공사는 공사비 부족으로 이어졌고, 그것은 오롯이 내 책임으로 남았지만 그때의 손해는 고스란히 값진 공부가 되어 돌아왔다. 게다가 의뢰한 부부도, 나도 모두 다 만족했던 '기적 같은 경험'이었다.

좋은 공기 마시며 쉴 수 있는, 남편을 위한 공간이다. 데크 위로 덧처마를 내어 비가 오나 눈이 오나 편안하게 이 자리를 즐길 수 있다.

마당의 펌프는 변함없이 애정하는 시골집의 트레이드마크. 무늬만 펌프인 수도이지만 아무려면 어떤가!

밖에서 보아도 다정한 집. 그런 집으로 꾸몄다. 공사한 지 10년도 넘었지만 아직도 내겐 보물 같다.

조용한 마당 풍경

깨끗한 흰 벽에 묵직한 지붕을 얹어 작지만 단단한 느낌으로 완성한 집. 부모님이 평생 사셨던 집이라 무언가 기념할 만한 것을 남기고 싶었다. 고민 끝에, 떼어 낸 지붕의 기와를 마당 울타리로 재활용했다. 하나하나 나지막하게 쌓아 올리며 부모님이 남편의 건강을 지켜 주시기를 기원했던 기억이 난다.

프로방스 부럽지 않은 주방

집을 고칠 때 가장 중요하게 생각하는 공간, 바로 살림하는 사람이 하루 종일 시간과 공을 들이는 부엌이다. 집 안에서 가장 넓은 공간을 할애하고, 가장 예쁘게 꾸며 주고 싶은 마음. 10년이 지났으니 유행도 달라지고, 부족한 구석도 눈에 보이기는 하지만 여전히 정이 가는 자리다. 무엇보다 이 집 부엌을 가득 채우고 있는 구식 살림이 좋다.

반질반질 손때 묻은 정지문. 벌어진 틈 하나 없이 차돌처럼 단단하게 집을 지켜 준다.

오래된 찬장과 어머니가 쓰시던 살림. 요즘은 워낙 구하기 어려워 물려받았다는 사람들이 부럽기만 하다.

자주 사용하지 않더라도 분위기는 내고 싶어서 아궁이를 너무 크지 않고 자그마하게 냈다.

손때 묻은 안방 살림

황토벽과 콩댐 바닥만으로도 정겨운 우리 옛집. 남편 건강 때문에 내려온 집이니만큼 친환경으로, 건강에 좋은 소재만을 골라 신경 써서 마무리했다. 그런 집에 잘 어울리는 오래된 수납장과 핸드메이드 자수 소품이 참 잘 어울린다.

몇 해의 겨울을 보내고 다시, 만나러 갑니다.

이 집의 부부와는 지금까지 가족처럼, 벗처럼 인연을 이어 오고 있다. 남편의 건강은 기적처럼 회복되었다. 손수 농사를 짓고, 마당을 가꿀 만큼! 직접 수확한 쌀을, 또 어느 때는 고구마를 한 자루씩 보내오기도 한다. 어느 날 문득, 서프라이즈라도 하듯 그곳으로 갔다. 봄을 넘기고 여름, 더위가 시작되던 무렵이었다.

화양연화 花樣年華

마당도, 살림도, 거기 사는 사람들의 얼굴까지도 모두 다 활짝 피어 있었다. 아름답고 평화로운 꽃처럼, 눈부시게! 부부는 아주 건강해 보였다. 세상에! 감탄사가 흘러나왔다. 가만히 서서 마당을 둘러보고 있자니 문득 이 말이 떠올랐다. 화양연화, 꽃처럼 아 름다운 시절. 청춘을 뜻하는 말이기도 하겠지만 왠지 그들의 청춘은 딱 지금 같다는 생각이 들었다. 고마운 일이었다.

이야기를 마치며

나만의 시골집을 찾고 있나요?

오래된 집, 버려진 집, 무너져 가는 집. 이런 구옥을 보면 가슴이 뛴다. 평생 고칠 수 없는 직업병이 된 것 같다.

사람이 사는 집이라면 그나마 온기를 품고 있지만, 사람의 손이 닿지 않은 집은 금세 망가져 버린다. 구들 위에는 먼지가 자욱하고, 잡초와 거미줄은 서로 땅따먹기하느라 아주 신이 났다. 서까래는 무너져 내리기 일보직전. 차라리 싹 다 부수고 새로 짓는 게 낫지 않을까 싶을 정도다.

그래도 다시 찬찬히 뼈대를 살피고 나무 기둥을 짚어 본다. 집을 고쳐 되살리는 일은 힘이 들지만, 더 잘 살릴 방법을 궁리하다 보면 이내 가슴이 두근거리고는 했다. 중독성 있다, 헌 집을 되살리는 절묘한 재미.

집마다 사연도 다르고, 고치고 싶은 모양도 다르지만 그곳에서 더 잘살고 싶은 마음만은 모두 뜨겁다. 특히 시골집에서 살고 싶다는 꿈을 꾸는 사람들은 번쩍번쩍한 새 집보다 조금 오래되었어도 정다운 내 공간을 기다린다. 그런 분들과 만날 때마다 마음이 통하는 친구를 만난 듯 들뜬다.

집을 고칠 때면 그 집을 향해 늘 주문을 외운다.

"앞으로 100년 더! 잘 부탁해!"

100년의 삶, 100년의 집.

소박하고 무해하게, 한 생애를 기꺼이 함께 지내 볼 당신의 집은 과연 어디에 있을지…. 부디 그런 집을 꼭 만나게 되기를 바란다.

- 오미숙입니다.

THE DESIGN BOOK
HOMES FOR OUR TIME
TASCHEN
New Mediterranean

시골집의 기적

초판 1쇄 발행 2024년 11월 11일

저자 | 오미숙
펴낸이 | 계명훈
기획 · 진행 | f·book
마케팅 | 함송이
경영지원 | 이보혜
디자인 | ALL contents group
사진 | 한정수(etc 스튜디오)
일러스트 | 박유진
교정 | 류미정
인쇄 | RHK홀딩스
펴낸곳 | for book 서울시 마포구 만리재로 80 예담빌딩 6층
02-753-2700(판매) 02-335-3012(편집)
출판 등록 | 2005년 8월 5일 제2-4209호

값 22,000원
ISBN 979-11-5900-150-5 (13540)